ÉLÉMENS
D'ANATOMIE.

PREMIÈRE PARTIE.

ÉLÉMENS
D'ANATOMIE,

A L'USAGE
DES PEINTRES, DES SCULPTEURS,
ET DES AMATEURS,

ORNÉS de quatorze Planches en taille-douce, repréſentant au naturel tous les Os de l'Adulte & ceux de l'Enfant du premier âge, avec leur explication.

PAR M. SUË, le Fils,

MEMBRE du Collége & de l'Académie Royale de Chirurgie, Subſtitut du Chirurgien en chef de l'Hopital de la Charité, Docteur en Médecine, Profeſſeur de Chirurgie à l'Ecole-Pratique, & d'Anatomie au Lycée, de la Société Royale d'Edimbourg, & de celle de Philadelphie, &c.

PREMIÈRE PARTIE.

Prix 15 livres, broché en carton.

A PARIS,

Chez L'AUTEUR, rue des Foſſés-Saint-Germain-l'Auxerrois, au coin de celle de l'Arbre-Sec, n°. 53.

Et chez { MÉQUIGNON, l'aîné, Libraire, rue des Cordeliers, près des Ecoles de Chirurgie.
ROYER, Libraire, quai des Auguſtins.
BARROIS, jeune, Libraire, quai des Auguſtins.

M. DCC. LXXXVIII.
AVEC APPROBATION, ET PRIVILÈGE DU ROI.

AVANT-PROPOS.

Dans le nombre des Ouvrages que nous avons fur l'Anatomie, il n'en eft pas qui ait été fpécialement compofé pour les Ecoles de Peinture & de Sculpture, & à deffein de fournir aux Elèves les moyens de fuivre avec plus de profit les Cours d'Anatomie.

Il faut à ces Elèves un abrégé clair, méthodique, réduit principalement à la defcription des parties qui peuvent les intéreffer davantage ; un Traité élémentaire, à l'aide duquel ils puiffent prendre une idée des matières avant chaque leçon, & en demander compte à leur mémoire après chaque leçon ; un livre enfin où ils trouvent tout ce qui eft effentiel, fans rencontrer rien d'inutile. Voilà l'ouvrage qui leur eft néceffaire, & cet ouvrage, je le répète, leur a manqué jufqu'à ce jour.

Je l'aurois entrepris plutôt, fi je n'euffe confidéré qu'un Traité dydactique eft ordinairement plus difficile à compofer qu'un Traité complet ; qu'il faut plus de temps, de peines & de foins pour réduire dans le premier à quelques principes des obfervations fans nombre, que pour étendre, & développer dans le fecond un fyftême de connoiffances. J'ai cru qu'en me hâtant moins, j'atteindrois plus fûrement à mon but, & qu'en mettant plus de temps à mon travail, il feroit meilleur.

J'ai donc cherché à réunir tous les moyens, tous les fecours qui s'offroient à moi, pour l'exécution de mon projet ; j'ai fuivi avec affiduité pendant plufieurs années les Cours d'Anatomie Pittorefque, que mon Père fait tous les ans aux Elèves de l'Académie Royale de Peinture & de Sculpture, dont il eft Profeffeur depuis trente-fept ans. J'ai tâché de recueillir, & de me rendre propre toute l'expérience qu'il a acquife dans cette partie. J'ai vu avec fatisfaction combien étoit avantageufe l'idée qu'il a propofée & exécutée le premier, de faire fuivre les Démonftrations fur le cadavre, de Leçons fur le modèle vivant.

Quoique ces deux efpèces d'Anatomie paroiffent devoir préfenter les mêmes

a ij

réfultats, elles en ont cependant de bien différens. L'une n'indique que la figure & la fituation des parties, & encore d'une manière affez obfcure; l'autre fait toucher au doigt leurs mouvemens. Le fpectacle de la nature morte ne peut-il pas d'ailleurs être quelquefois dans le cas d'induire les jeunes gens en erreur? Il eft, dans l'état de mort, des parties qui s'affaiffent ou s'élèvent, & éprouvent des changemens plus ou moins confidérables dans leurs formes, ce qui fait qu'il eft difficile alors de connoître fûrement leur figure & leurs véritables dimenfions. Il en eft de même de leur fituation. Le relâchement, où quelques-unes fe trouvent, après la mort, fait qu'elles quittent leur pofition naturelle, & fe confondent entr'elles à un tel point, qu'on a quelquefois de la peine à les diftinguer. Le corps humain eft alors dans fes parties molles, ce que feroit un inftrument, dont toutes les cordes, au lieu d'être tendues, ramperoient couchées les unes fous les autres.

Les ufages des parties, & toutes les nuances de leurs mouvemens, ne font pas plus faciles à connoître, lorfqu'on fe borne à l'étude de la nature morte. Rien alors n'eft rigoureufement démontré; rien fur-tout ne l'eft d'une manière facile à faifir par les Elèves. On eft obligé de fuppofer que les parties font animées, pour faire voir les mouvemens qu'elles exécutent, & la manière dont elles agiffent dans le vivant. Mais on a beau faire des fuppofitions; jamais avec des parties mortes on ne donnera une idée jufte des parties vivantes. Les mufcles, fur-tout, offriront, dans les deux états de vie ou de mort, de très-grandes différences. Ce n'eft que fur le modèle vivant que l'on fuit fans peine leur trajet dans l'action qu'ils exécutent; car, pour bien favoir, principalement en Anatomie, il faut avoir vu & touché.

L'ÉTUDE du cadavre eft donc infuffifante, fi l'on n'y joint celle du modèle vivant. Ces deux études rapprochées fe prêtent un fecours mutuel; elles fe fervent réciproquement, pour ainfi dire, de commentaire. On ne doit donc pas les féparer. Il eft même étonnant que l'exemple que l'on a donné en France de les réunir, n'ait point encore été fuivi dans les premières Ecoles de l'Europe.

J'IRAI plus loin, & j'ajouterai que l'étude de la nature vivante feroit auffi très-utile aux Médecins & aux Chirurgiens; faite avec attention, elle leur offriroit des connoiffances qu'ils ne puiferont jamais dans le cadavre, ou qu'ils n'y

trouveront que très-imparfaitement. Elle leur découvriroit même une foule de
vérités que l'œil le plus fin & le fcalpel le plus fcrupuleux, chercheroient vaine-
ment fous les enveloppes du corps humain. Ils vérifieroient les idées acquifes par
la diffection, & s'en affureroient, en faifant exécuter les mouvemens à l'homme
vivant. Ils reviendroient des erreurs dans lefquelles ils auroient pu tomber,
relativement à la figure, à la pofition, & à l'ufage des parties, & tireroient de
cette étude beaucoup de connoiffances pratiques de la plus grande utilité.
Comme ce n'eft pas ici le lieu de développer en détail ces divers avantages,
qu'il me fuffife, pour le moment, d'en avoir préfenté l'apperçu.

Après avoir examiné & approfondi, pendant plufieurs années, la méthode
employée par mon Père, je me fuis trouvé en état de le foulager dans ce travail;
& ç'a été pour moi un nouveau moyen de m'inftruire. Je fuis entré dans cette
carrière avec d'autant plus de confiance, que des traces bien chères à mon cœur
m'indiquoient la route que je devois tenir.

Il eft encore un moyen de juger de la bonté d'une méthode que l'on a choifie
pour inftruire les jeunes gens, c'eft de les confulter eux-mêmes fur ce qui leur
paroît plus facile à comprendre, fur la marche qui met plus de clarté dans leurs
idées, & les grave plus aifément & plus profondément dans leur mémoire; c'eft
de s'affurer, par quelques queftions, fi l'on a été parfaitement entendu. C'eft
auffi ce que j'ai fait, tâchant fur-tout de proportionner mes Leçons au degré d'intelligence que j'ai cru appercevoir dans le plus grand nombre de mes Auditeurs.

Afin de rendre ces Leçons plus directement utiles aux jeunes gens, que j'ai
fur-tout en vue ici, j'ai lu avec attention tous les Auteurs qui ont traité incidem-
ment, ou ex Profeffo, de l'Anatomie, confidérée dans fes rapports avec la
Peinture & la Sculpture, & de la fidélité de l'expreffion dans ces deux Arts.
J'ai vu que l'on avoit beaucoup écrit fur cette matière; mais j'ai cru entrevoir
qu'il reftoit encore infiniment plus à dire. J'ai néanmoins puifé dans cette lecture
des connoiffances qui m'ont beaucoup fervi.

Enfin, pour recueillir fur mon objet toutes les lumières que je défirois, j'ai
fuivi quelque tems à Londres le Cours d'Anatomie Pittorefque de *Guillaume
Hunter.* A l'aide de ces lumières, j'ai connu toute la richeffe, j'ai fenti toute
l'étendue de mon fujet.

Je conçus dès-lors le deffein de deux Ouvrages, dont l'un, purement dydac-tique, préfenteroit aux Elèves des connoiffances qui leur font néceffaires, au moment qu'ils fe deftinent à la Peinture ou à la Sculpture, & l'autre, beaucoup plus confidérable, offriroit, outre ce qui a été dit de mieux fur l'expreffion, tant par les anciens, que par les modernes, quelques vues nouvelles, que je crois fufceptibles d'un grand & heureux développement. En différant l'exécution de ce dernier projet, qui demande néceffairement beaucoup de temps, d'étude & d'expérience, je n'ai pu ni dû renvoyer à une époque plus éloignée celle du premier, qui devient dans ce moment-ci d'autant plus néceffaire, qu'il s'eft formé récemment plufieurs Académies de Peinture & de Sculpture dans le Royaume, & dans les différentes Capitales de l'Europe.

Ajoutons que le Gouvernement ouvrant de toute part & multipliant les fources d'inftruction, répand & rend général le goût des Arts, à un point qui doit fingulièrement hâter leurs progrès, & par conféquent honorer la Nation. Aujourd'hui l'Amateur le plus diftingué par fa naiffance ne rougit point de cultiver & de mettre au jour le talent qu'il a reçu de la Nature. On ne déroge plus par des preuves de Génie dans les Arts, & l'on peut y produire des chef-d'œuvres fans fe déshonorer. La beauté elle-même, fans renoncer à fon empire, a fait voir, avec le plus éclatant fuccès, qu'elle avoit des droits légitimes fur les productions des beaux Arts ; que le pinceau, fi fouvent deftiné à peindre les Graces, n'étoit point déplacé dans des mains plutôt deftinées à manier l'aiguille, & que le modèle pouvoit, avec honneur, prendre la place de l'Artifte. Que l'on ne regarde point cette affertion comme un de ces éloges faux, que la flatterie a la mal-adreffe de prodiguer aux femmes, tandis qu'elles en méritent tant & de fi vrais ; ce n'eft point là un de ces complimens d'ufage, qu'elles ont toujours la complaifance d'écouter, mais qu'elle n'ont jamais la foibleffe de croire. Le talent de peindre pourroit-il être étranger au Sexe, qui, très-digne d'obfervation, pofsède lui-même éminemment le talent d'obferver, qui lit & dévoile fur la phyfionomie la plus compliquée tout ce qu'elle annonce, fans en laiffer échapper une feule nuance ? Laiffons aux hommes les grands traits & l'expreffion des grandes paffions ; mais avouons que les mouvemens doux, les traits délicats & légers, mille détails que l'homme ou dédaigne ou n'apperçoit pas, font réfervés à la touche fine & ingénieufe des femmes.

Les Elémens d'Anatomie que je publie aujourd'hui, font précédés d'un

Discours, dans lequel je démontre la nécessité de l'étude du corps humain dans les Arts d'imitation. Ce Discours a été composé uniquement pour les Elèves ; il s'agissoit moins de leur présenter des apperçus nouveaux, qu'un choix dans les idées déja reçues. C'est à ce choix que j'ai été forcé de me borner, & que je me suis fait un devoir de suivre.

Ce seroit peut-être ici le lieu de faire connoître aux jeunes Artistes les Ouvrages qui traitent des passions & de l'expression ; mais ce seroit les engager dans un travail long & peu fructueux, la plupart de ces Ouvrages contenant, avec quelques vérités, beaucoup de choses inutiles, & même des principes erronés. Je me contenterai donc de leur indiquer l'excellent Traité de *le Brun*, sur les passions. Ils liront aussi, avec quelque fruit, un Ouvrage récent, destiné à faire époque dans l'Histoire des Sciences & des Arts, c'est celui du célèbre *Lavater*, sur la physionomie, que cet Auteur a publié sous le titre d'*Essai*; sa marche m'a paru très-philosophique, quoique sa manière de penser ne le soit pas toujours. On ne peut qu'applaudir au bon esprit de l'Auteur, qui a cru ne devoir présenter qu'une suite de fragmens ; c'est une preuve qu'il a parfaitement senti toute la difficulté, & mesuré toute l'étendue de son sujet. L'idée qu'il s'en est faite, me paroît aussi juste que grande. C'est ainsi qu'il faut concevoir, lorsqu'on veut reculer les limites des Arts.

Il y a lieu d'espérer, qu'après avoir rassemblé une grande quantité de matériaux sur son objet, *M. Lavater* s'élévera à une théorie complette, ou du moins qu'il offrira le lien commun, à l'aide duquel toutes ses idées pourront se rapprocher, & former un ensemble.

Il seroit dangereux, & peut-être téméraire, de vouloir réduire en système ses connoissances sur une matière aussi neuve & aussi délicate, avant d'avoir recueilli un grand nombre d'observations exactes.

J'ai lu, toujours avec plaisir, souvent avec utilité, celles de *M. Lavater*. Plusieurs m'ont paru pleines de finesse & de subtilité, quelques-unes grandes & philosophiques. Il en est quelques autres, sur lesquelles je ne crois pas devoir prononcer. Je me contenterai de dire que si l'Auteur s'abandonne quelquefois à son imagination, son imagination est capable de lui attirer quelques partisans, & que dans le nombre de fes idées, s'il en eft quelques-unes que n'ait pas dictées l'efprit d'obfervation, ce font au moins les rêves d'un grand homme, ou les erreurs d'un homme de bien. On aime, on refpecte l'Auteur, lors même que l'on ne penfe pas comme lui. Je crois devoir obferver qu'il recommande fingulière-ment l'étude de l'Anatomie aux Phyfionomiftes & aux Peintres. Lorfque les jeunes Artiftes verront que *M. Lavater*, qui paroît avoir acquis des connoiffances affez étendues & affez variées fur cette fcience, témoigne cependant de vifs regrets de ne l'avoir point encore affez étudiée, ils fentiront combien il eft important pour eux-mêmes de ne la point négliger.

Pour leur donner un exemple de l'utilité qu'ils pourront retirer de la lecture de fon Ouvrage, je fuppofe qu'ils aient à deffiner ou à peindre un Port de mer, dans lequel fe trouvent des hommes de différentes Nations, ou une bataille qui doit auffi communément offrir deux Peuples aux prifes; ils croiront peut-être avoir tout fait, lorfqu'ils auront fcrupuleufement obfervé la vérité du coftume, lorfqu'ils auront jeté fur les figures l'habillement national qui convient à chacune d'elles. Ainfi, s'ils ont à repréfenter fur un Port de mer un Hollandois & un François, diftinguer la différence du coftume, & peut-être celle de la taille, voilà à quoi fe bornera trop fouvent leur attention. *Lavater*, d'après *Véfale*, leur apprendra, qu'il y a de plus, de Nation à Nation, des différences frappantes dans les formes; que le crâne d'un Hollandois, par exemple, eft plus arrondi en tout fens, que les os en font plus larges, plus uniformes, *qu'ils ont moins de courbures, &, en général, la forme d'une voûte moins applatie par les côtés*, &c.

Ces obfervations paroiffent effentielles, fur-tout pour les Peintres d'hiftoire. L'Ouvrage de *Lavater* en renferme une foule d'autres qui pourront être d'une utilité générale aux Artiftes.

DISCOURS

DISCOURS PRÉLIMINAIRE.

L A vivacité outrée du coloris, une certaine exagération dans les formes, des traits brufqués que l'on donne pour de la hardieffe; voilà ce qui ravit, ce qui captive la multitude dans certains tableaux. Les fens font frappés fortement; l'ame eft ébranlée; l'ouvrage eft applaudi; & cependant l'ouvrage ne vaut rien.

L A fidélité, le moëlleux, le naturel, *toutes les qualités enfin qui achèvent la reffemblance; tous ces détails délicats qui la font reconnoître, même dans fes plus petits acceffoires;* voilà ce qui attire, ce qui fixe, ce qui entraîne le fuffrage des Connoiffeurs. Leur ame n'eft émue, que parce que leur efprit approuve toutes les impreffions portées à leurs fens par l'image que repréfente le tableau. Eux feuls applaudiffent à l'ouvrage; les autres y font à peine une légère attention; c'eft tout au plus s'ils daignent en parler; peu s'en faut qu'ils ne le méprifent; & cependant l'ouvrage eft un chef-d'œuvre.

L E S belles productions des Arts n'étant point affez eftimées parmi nous, les Artiftes doivent fouffrir de cette injuftice. Ofons le dire : on ne fe fait point une idée des qualités, des études, & des connoiffances qui leur font néceffaires. Le talent fublime de bien imiter la nature, de rendre fes expreffions, de peindre fes mouvemens, eft un don précieux que cette mère avare n'accorde qu'à un très-petit nombre d'Artiftes : c'eft le génie qu'elle a animé de ce feu divin, propre à la repréfenter avec fes vives couleurs, & les grands traits qui la caractérifent; en vain le travail veut le fuppléer; cependant, fi les efforts de ce dernier, pour l'égaler, font impuiffans, fes fecours ne font pas inutiles : en effet, c'eft le travail qui developpe le génie, & qui lui fournit les moyens de fe manifefter.

I L y a des principes certains, fans le fecours defquels l'Artifte ne marche qu'au hafard, & ces principes demandent des connoiffances acceffoires, qui ne font pas moins effentielles à acquérir que les règles même de l'Art. Celui qui les ignore eft condamné à une éternelle obfcurité; telles font, par exemple, les connoiffances de l'Hiftoire & de la Fable; telle eft fur-tout celle de l'Anatomie.

J E n'aurai point recours à de longs raifonnemens, pour démontrer qu'il n'en eft point de plus néceffaire à l'Artifte. En vain, peindra-t-il les fites les plus agréables, les payfages les plus variés; fes tableaux feront toujours froids, s'ils ne font animés par l'image de quelqu'être vivant, & fur-tout par celle de l'être le plus parfait qui foit forti des mains du Créateur.

R I E N ne prouve plus en faveur de l'utilité de l'Anatomie, que le foin attentif avec lequel les grands Artiftes de tous les temps ont cherché à s'en inftruire. N'eft-ce pas en partie par cette connoiffance, que *Raphaël, Michel-Ange, Jules Romain, les Caraches, Dominiquain, le Brun, le Pouffin, le Sueur,* & tant d'autres grands hommes, ont rendu leurs ouvrages dignes de l'immortalité? *Michel-Ange,* fur-tout, étoit tellement perfuadé de la néceffité de l'étude de l'Anatomie, pour réuffir dans les Arts d'imitation, qu'il avoit

A

formé le deſſein de publier un Traité complet des mouvemens muſculaires. Quelle perte pour les beaux Arts que ce projet n'ait pas été exécuté ! Qui pouvoit mieux que ce grand homme, donner aux Artiſtes des Leçons d'Anatomie Pittoreſque, lui qui joignoit la théorie la plus lumineuſe à la pratique la plus conſommée ? C'eſt cette connoiſſance profonde qui le mit en état de faire, concurremment avec *Léonard de Vinci*, ces fameuſes Académies, que *Raphaël* lui-même ne dédaignoit pas de conſulter ; c'eſt cette connoiſſance qui lui fit donner à toutes les figures ſorties de ſon pinceau ou de ſon ciſeau, cette juſteſſe de proportion & cette vérité d'expreſſion qui les caractériſent, & excitent l'admiration de tous les Connoiſſeurs.

Il eſt donc eſſentiel, pour réuſſir dans ſes deſſins, d'étudier le corps humain, même dans un aſſez grand détail. Il faut avoir jetté un œil curieux & obſervateur ſur toutes les parties, tant internes qu'externes, qui concourent à former le ſujet : il faut avoir porté le ſcalpel dans le dédale de cette machine admirable, en avoir parcouru, viſité, interrogé toutes les routes ; avoir contracté, relâché des muſcles ; avoir confirmé, par le ſens du toucher, toutes les figures, & les plus légères éminences ; avoir démonté & remonté les différentes pièces de la charpente oſſeuſe ; avoir disjoint & rejoint des articulations ; avoir mis des os en jeu par le moyen des muſcles ; connoître enfin tout le mécaniſme intérieur (1), afin de mieux ſaiſir tous les changemens qu'il peut amener à l'extérieur. On exprime en général beaucoup mieux les effets, lorſque l'on en connoît les cauſes ; on rend beaucoup plus fidèlement la nature, lorſqu'on la voit agir ſous le voile dont elle ſe couvre. Plus un Peintre eſt inſtruit de l'Anatomie, plus ce voile eſt tranſparent pour lui. Son coup-d'œil ſavant ſaiſit & interprète toutes les formes, & ſon pinceau les tranſporte avec autant d'eſprit que de vérité dans ſes compoſitions.

Auſſi les vrais Artiſtes ſont-ils preſque les ſeuls en état de juger combien il faut de travail pour effacer juſqu'aux traces mêmes du travail ; combien il eſt difficile de donner à une grande production l'heureux caractère de la facilité ; combien il a fallu employer de temps pour faire croire, à l'inſpection d'un tableau, que l'objet que l'on offre aux yeux, eſt ſorti, pour ainſi dire, en un inſtant, plein de vie, de deſſous le burin, le crayon, ou le pinceau ? Comme ces vrais Artiſtes ſentent le mérite des difficultés vaincues, leur ſuffrage ſeul peut récompenſer dignement les Grands-Maîtres, qui aiment encore mieux compter les ſuffrages, que les peſer.

L'indifférence avec laquelle le commun des hommes regarde les beautés de la nature, s'étend ſouvent juſqu'aux chef-d'œuvres de la Peinture, deſtinés à les repréſenter ; l'extrème reſſemblance détermine la même manière de voir & d'apprécier. Le Peintre auroit ſouvent

---

(1) On ne ſera pas fâché de voir comment M. Watelet, a rendu quelques-unes de ces idées dans ſon Poëme ſur la Peinture.

« Mais de l'Anatomie éludant les ſecours,
» Oſez-vous murmurer, & par de vains détours,
» A ſa profonde étude oppoſer pour obſtacle,
» Le dégoût & l'horreur que produit ſon ſpectacle ?
» Eh bien, fuyez la peine ; à votre aveugle main,

» Eſclave du haſard, ſoumettez le deſſin ;
» Profanez le talent, altérez-en la ſource,
» Et qu'un portrait obſcur, votre unique reſſource,
» Ou d'un char bigarré les fantaſques panneaux,
» Soient le champ glorieux de vos heureux travaux ».

moins de mérite, s'il étoit plus applaudi. L'ignorance a auſſi ſa manière de donner ſon ſuffrage; c'eſt de ne pas même fixer ſon attention ſur ce qui eſt naturel dans les Arts.

O vous! jeunes Artiſtes, qui aſpirez à la gloire promiſe au talent ſecondé du travail, étudiez la nature. Liſez chaque jour quelques pages de ce grand Livre. N'eſtimez les autres Livres, qu'autant qu'ils ſeront de bons Commentaires de celui-là. Le corps humain, & un abrégé méthodique d'Anatomie, voilà les ſujets que vous devez avoir ſans ceſſe ſous les yeux; voilà les modèles de vos méditations, pour atteindre à une parfaite reſſemblance de l'homme & des animaux, pour les peindre dans leurs diverſes attitudes, pour caractériſer dans toutes les parties ce commun effort, cette tendance commune qui les dirigent vers une fin unique, cette harmonie & cet accord, au moyen deſquels les parties molles, par leur flexion ou leur extenſion, leur compreſſion ou leur gonflement, les parties dures, par leur direction, leur ſaillie plus ou moins prononcée, ſemblent concourir toutes à une action déterminée; enfin, pour compoſer cet enſemble parfait; qui les lie & les unit par une intention générale, que l'on démêle & qui s'apperçoit juſques dans les plus petits détails! Intention qu'on ne ſaiſit qu'avec la connoiſſance de tout le jeu muſculaire, & de toute la charpente oſſeuſe! Què de choſes le pinceau ne peut rendre ſur la toile, le ciſeau ſur le marbre, le burin ſur le bronze, ſi le ſcalpel Anatomique n'a pas d'abord dévoilé aux yeux du Peintre, du Sculpteur, du Graveur, tout le mécaniſme de l'économie animale! Au lieu de cette marche libre & ſûre de l'Artiſte qui l'a étudiée avec ſuccès, que de tâtonnemens pénibles qui amortiſſent le feu de la compoſition, qui font avorter les plus brillantes idées! Que d'eſſais infructueux, lorſque, dans l'exécution, l'on ignore l'action préciſe d'un muſcle, ſa longueur, ſa forme, ſes proportions avec le tout que l'on veut rendre dans un moment donné! Alors la reſſemblance eſt impoſſible, ou poſſible, ſeulement comme toute combinaiſon du haſard.

En vain donc ſe flatteroit-on de faire de grands progrès dans la carrière des Beaux-Arts, ſans l'étude de la phyſique animale. Ne ſait-on pas que la perfection d'une figure ou d'une ſtatue, conſiſte eſſentiellement dans la réunion de la beauté & des graces? Or, qu'eſt-ce que la beauté, priſe dans ce ſens? c'eſt la conformation la plus parfaite de toutes les parties du corps, relativement aux mouvemens qui leur ſont propres. Les graces ſont bien plus aiſées à ſentir qu'à définir. On peut cependant dire qu'elles ne ſont que la correſpondance intime & ingénue des mouvemens du corps avec les agitations de l'ame. La beauté du ſujet dépend donc de l'exacte proportion de ſes parties; & c'eſt de l'harmonie de leur enſemble que naiſſent les graces.

Par les proportions du corps humain, on entend les dimenſions reſpectives de cha-cune de ſes parties, & leurs rapports, relativement à leurs différentes fonctions; la nature, à cet égard, varie à l'infini, ainſi que dans ſes autres ouvrages. Les mêmes parties du corps n'ont pas les mêmes dimenſions proportionnelles dans deux perſonnes différentes; il y a plus : ſouvent, dans le même individu, une partie n'eſt pas exactement ſemblable à la partie qui lui correſpond.

Les Auteurs qui ont écrit ſur l'Art de la Peinture, ont donné des règles certaines pour déterminer ces proportions; mais ces règles ſont moins les réſultats des meſures prifes particulièrement fur un grand nombre de fujets, que la combinaifon d'un goût exquis & éclairé, qui, au milieu de toutes ces différences, a fu fixer le point où exifte la belle nature : c'eft donc le fentiment qui nous a appris tout ce que l'on fait fur cette matière.

Zeuxis veut-il peindre Hélène? les plus célèbres beautés de la Sicile paffent tour-à-tour devant fes yeux ; il emprunte de chacune la partie qui lui paroît la plus parfaite, & par la réunion des charmes de cent beautés différentes, fon pinceau crée l'Amante de Pâris ; de même Phidias, raffemble dans une ftatue de Jupiter toutes les beautés éparfes dans mille individus : c'eft par ce moyen que les grands Artiftes de la Grèce font parvenu à nous faire apprécier les proportions des ouvrages de la nature, dans ce qu'elle a fait de plus beau. Les ftatues Grecques, qui n'étoient que des copies de l'homme, font devenues des originaux, parce qu'elles font le type de la perfection, qui ne fe trouve jamais dans un feul fujet ; en effet, quel eft l'homme dont le corps préfente dans fon enfemble autant de perfections que ces ftatues? C'eft d'après elles qu'on a fixé les règles de la beauté, que les Deffinateurs ont adoptées, & dans le détail defquelles il ne convient pas d'entrer ici.

Les différences que l'Anatomie préfente dans les dimenfions des parties de l'économie animale, font fubordonnées à la diverfité du fexe, de l'âge, des conditions, des Nations, & des climats.

La nature, qui fouftrait à l'œil curieux le premier point de la formation du corps humain, femble par-là dérober au pinceau l'homme dans l'état d'embrion. Je ne m'arrêterai donc pas à ce premier terme de la vie, & aux différences qu'il préfente. Laiffons à la nature le temps d'achever fon ouvrage, avant d'effayer de l'imiter, & paffons à l'enfance.

Cet âge s'étend depuis la naiffance jufqu'à douze ans ou environ. Le terme moyen de cette durée, eft l'époque où l'Artifte peut commencer à peindre l'homme ; c'eft alors qu'exifte véritablement l'enfance ; c'eft alors qu'elle a les formes qui lui font propres. Dans les deux ou trois premières années, ces formes ne font point encore affez développées, & elles ne méritent pas d'être appellées belles. A cet âge, elles nous intéreffent moins par les beautés qu'elles nous montrent, que par celles qu'elles nous font efpérer. Les traits ne font point encore décidés : ce n'eft qu'une ébauche affez imparfaite. Après fix à fept ans, l'enfance perd déjà quelque chofe de ce qui la caractérife. Elle approche trop de l'adolefcence, avec laquelle elle femble fe confondre. Les proportions changent alors.

L'Artiste qui, pour repréfenter la figure d'un enfant, fe contenteroit de diminuer les dimenfions de fes membres, peindroit un petit homme, & non pas un enfant.

Dans l'homme fait, par exemple, le milieu de la hauteur du corps eft à l'os pubis ; dans l'enfant, au contraire, il eft à l'ombilic.

La nature a diftingué ce premier âge par des caractères qui lui font propres. Dans la première jeuneffe, les enfans ont tous la tête un peu groffe, relativement aux autres parties. Leurs joues paroiffent enflées, leurs mains font potelées, les bras, les cuiffes &

les jambes, ont beaucoup d'embonpoint. A cet âge, les fibres musculaires sont séparées les unes des autres par un tissu cellulaire très lâche & fort abondant, ce qui fait que les muscles ont peu de relief, & que les membres sont peu déliés.

Il est à remarquer que les anciens, qui ont si bien réussi à représenter l'homme adulte, n'ont pas eu le même succès en représentant les enfans, ce qui vient sans doute de ce qu'ils avoient moins souvent occasion de voir des modèles parfaits de l'homme à cet âge, tandis qu'ils avoient sans cesse sous les yeux, dans leurs jeux olympiques & autres, l'élite des beaux hommes de la Grèce. *Dominiquain*, fidèle imitateur de la nature, est, parmi les modernes, le premier Peintre qui ait su, dans ses tableaux, donner aux enfans ces graces & cette mollesse qu'elle leur prodigue ; lui seul a su saisir cette parfaite ressemblance qui avoit échappé au pinceau de ses prédécesseurs.

A l'âge de six ans, les membres commencent à prendre la forme délicate & les contours gracieux, quoiqu'indécis, qui indiquent ce qu'ils seront un jour : c'est alors seulement qu'ils commencent à participer à la beauté ; aussi quelques gens un peu difficiles prétendent qu'on ne devroit jamais peindre les enfans plus jeunes : c'étoit l'usage des anciens : c'est d'après cet âge qu'avoit été faite cette belle statue de Cupidon, qu'on admiroit dans la ville de Thespie, & qui égaloit presque en beauté la fameuse Vénus de *Praxitèle :* c'est encore d'après des enfans du même âge, qu'est peint ce petit Amour qu'on voit dans un tableau représentant Danaë, de la composition d'Annibal Carrache.

Dans l'adolescence, la stature du corps est plus alongée & plus mince ; les membres sont plus grêles ; les muscles commencent à se dessiner, les contours à devenir plus exacts, & les proportions sont plus justes.

Le corps ayant acquis son accroissement en hauteur dans l'adolescence, prend de la consistance, & il se fait un heureux développement dans toutes ses dimensions pendant la jeunesse ; c'est alors que l'homme s'achève, & présente ce bel ensemble d'un tout parfaitement organisé. Il paroît droit & ferme, les proportions de ses membres sont justes ; leurs contours sont bien marqués & réguliers. Les muscles, fortement prononcés, percent à travers les enveloppes qui les couvrent, & les traits du visage, exactement formés, caractérisent la physionomie.

L'Age viril, qui comprend à-peu-près, depuis la trentième jusqu'à la quarante-cinquième année de la vie, amène aussi des différences sensibles, qui ne doivent point échapper au Peintre. A cette époque, l'embonpoint change ordinairement les proportions. Il grossit les traits du visage ; il épaissit les membres ; en remplissant les intervalles qui étoient entre les muscles, il fait disparoître leurs formes.

Quoique l'embonpoint rende la figure du corps humain moins svelte & moins élégante, cependant, lorsqu'il est modéré, il contribue à la beauté.

L'homme ne passe pas brusquement de l'âge viril à la vieillesse. Un homme de cinquante ans est hors de l'âge viril ; ce n'est cependant pas un vieillard. L'espace renfermé entre la quarante-cinquième année & la soixante-cinquième, peut être appelé l'âge de retour ; alors la graisse disparoît insensiblement, & laisse un vuide sous la peau ; celle-ci n'ayant plus affez d'élafticité pour fe refferrer, s'affaiffe & fe pliffe vers les endroits où elle eft retenue par quelqu'attache particulière. Delà les rides qui paroiffent fur le front & au bas des joues. La vieilleffe vient enfuite imprimer fon trifte cachet fur tout l'extérieur de l'homme; un front chauve; des rides plus multipliées; des joues qui, par leur enfoncement, atteftent la chûte de prefque toutes les dents; des yeux à demi éteints; un vifage décoloré; les os devenus faillans dans toute l'habitude du corps, tels font les changemens qu'amène la vieilleffe. Enfin tout le corps s'affaiffe dans la décrépitude. Il perd de fa hauteur; la colonne vertébrale fe courbe en avant, parce que les mufcles du dos ne font plus affez forts pour la tenir droite, & que les vertèbres fe foudent les unes avec les autres par leurs parties antérieures. Certaines articulations dans les bras & dans les jambes fe roidiffent, & ne plient qu'avec peine. Une maigreur extrême laiffe appercevoir toute la ftructure du fquélette. Enfin, chez l'homme décrépit, toutes les parties fe racorniffent & fe deffèchent, annoncent le dépériffement, & femblent mourir en détail. Tels font les divers changemens qu'éprouve le corps humain à l'âge le plus avancé.

Dans la femme bien conformée, toutes les parties, fans en excepter les os, font plus minces; la ftature eft plus petite; le col eft plus alongé; le bas de la poitrine paroît plus étroit. La partie inférieure du tronc, formée par la capacité du baffin, eft beaucoup plus large. Les cuiffes font plus groffes, les jambes plus fortes, les pieds plus petits, les bras plus potelés; les mufcles bien moins apparens; les membres plus arrondis; leurs contours plus agréables; les traits du vifage plus fins; enfin la peau eft plus blanche & plus délicate.

On apperçoit auffi dans la taille & dans la couleur des Peuples, des différences déterminées en partie par le climat. Un Artifte ne donnera donc pas à un Patagon la taille d'un Lapon ou d'un Bozandien, à un Européen la couleur des Habitans de la Nigritie, de la Guinée & du Congo.

Il aura pareillement égard aux nuances plus ou moins fenfibles, aux variétés plus ou moins frappantes, que l'on remarque dans les traits du vifage, chez chacun des Peuples de l'Univers. Dans fes tableaux, le François, le Circaffien, paroîtront avec la beauté qui eft propre à chacun, tandis que le Groënlandois & le Calmouck, offriront un vifage d'une largeur difforme, avec de petits yeux, & deux trous au lieu de narines; & dans le Caraïbe, on diftinguera un crâne applati par en haut, & des yeux inanimés.

On fentira le rapport de l'Anatomie avec le Deffin, lorfque l'on fera attention que les os étant en quelque forte la charpente du corps humain, les proportions de chaque partie dépendent de leurs différentes dimenfions. Un Deffinateur ne fauroit donc fe flatter d'atteindre à la perfection, fans la connoiffance de l'Oftéologie.

La jufteffe des proportions des parties ne fuffit pas pour conftituer la beauté; elle dépend auffi de leur enfemble. Lorfque les mufcles font mal affortis, ils paroiffent peu propres à exécuter avec grace les mouvemens néceffaires; alors on dit que le corps manque d'enfemble; & c'eft ce qui arrive, lorfque la conformation naturelle eft dérangée par quelqu'imprudence ou par des foins mal entendus.

Il arrive trop fouvent que les bifarreries des ufages ou les caprices de la mode gâtent l'ouvrage de la nature. Il exifte chez différens Peuples plufieurs coutumes qui viennent à l'appui de ce que j'avance. Les uns écrafent le nez de leurs enfans; les autres en alongent prodigieufement les aîles, en y plaçant des anneaux de métal très-pefants. D'autres en portent de beaucoup plus lourds aux oreilles, ce qui les rend d'une grandeur étonnante; ceux-ci applatiffent la tête des enfans, en la comprimant entre deux planches; ceux-là l'alongent prodigieufement. A la Chine (1), par exemple, le plus grand agrément des femmes confifte dans la petiteffe de leurs pieds; aufli les mères ont-elles grand foin d'en empêcher le développement dans les jeunes filles, de manière à les rendre abfolument incapables de marcher.

Mais pourquoi aller chercher chez des Peuples éloignés, ou chez les Sauvages, des ufages bifarres? Les Nations les plus policées ne nous en fourniffent-elles pas affez? Jettons un coup-d'œil fur ceux dont nous fommes les témoins tous les jours. Parlerai-je de ces chauffures plus que gênantes, dans lefquelles les femmes fe mettent à la torture? Ces petits pieds, qui ne font demeurés tels que par des étreintes fatiguantes, peuvent-ils fervir d'appui à tout le corps? L'édifice peut-il être folide, lorfque les colonnes font chancelantes? Cette caufe peut feule fuffire pour empêcher les femmes de prendre l'accroif-fement & la vigueur dont elles font fufceptibles; elles réfifteroient plus aifément à la fatigue, fi ces fers brillans & dorés qu'elles mettent à leurs pieds ne leur avoient fait perdre l'habitude d'agir. Leur contenance auroit quelque chofe de plus noble, de plus affuré. Aux yeux du commun des hommes, elles en feroient peut-être moins jolies; mais elles en feroient plus belles, puifqu'elles feroient telles qu'elles doivent être, fuivant le vœu de la nature. Eft-il, en effet, naturel de ne marcher que fur la pointe des orteils, de les comprimer, & de les refferrer pour les réduire à la plus petite furface poffible? Cette ligature n'arrête-t-elle pas la circulation des fluides? n'affoiblit-elle pas les mufcles, les tendons des pieds & les nerfs qui viennent s'y diftribuer? Si les femmes rendoient à ces puiffances & à ces leviers leur liberté naturelle, cefferoient-elles de pouvoir prendre de l'exercice, comme cela arrive affez fouvent, lorfqu'elles deviennent mères? Auroient-elles même befoin de s'élever par de hauts talons, moyen qui déforme leurs genoux? Ne devien-droient-elles pas plus grandes & plus belles en devenant plus fortes?

Quoi de plus propre encore à gâter les formes naturelles, que l'ufage barbare de garotter les enfans, à l'inftant qu'ils fortent du fein de leurs mères? Quoi de plus contraire aux vues de la nature, que ces prifons dures & étroites, connues fous le nom de corps, dans lefquelles on les enferme? Enfin, quoi de plus capable d'empêcher le développement de leurs parties, que ces vêtemens gênans, dont l'empire de la mode force de faire ufage dans un âge plus avancé? Que dirons-nous de ces attitudes affectées, de cette contenance mal affurée, de cette démarche nonchalante, auxquelles la molleffe a mal-à-propos fait donner

_____

(1) Un Auteur prétend que les Chinois imaginèrent d'accréditer la petiteffe des pieds, afin de s'affurer de la fidélité de leurs femmes : « Les mères, fans fonger à la conféquence, commencèrent à refferrer, étrécir, & fi bien envelopper » les pieds de leurs filles, qu'elles ne pouvoient plus fortir de la maifon, ni fe foutenir droites, que fur les bras de deux » ou trois fervantes. Ainfi cette figure ayant paffé en conformation naturelle, les Chinois ont infenfiblement arrêté & fixé » le mercure que leurs femmes avoient dans les pieds..... De même les Dames Vénitiennes, font forcées de garder la » maifon plus fouvent qu'elles ne voudroient, par les ufages & les incommodités non pareilles de leurs grands patins ».
Gabriel Naudé. Confidérations politiques fur les coups d'Etat.

le nom de manières diftinguées? Eft-il rien de plus propre à corrompre le bel enfemble du corps, à en faire difparoître toutes les graces? Les hommes ne s'accorderont-ils donc jamais fur la véritable idée qu'on doit avoir de la beauté? Abandonneront-ils toujours la réalité pour courir après l'ombre? Que les anciens Grecs penfoient bien différemment!

Chez ce Peuple fage, né fous un ciel propice, aucun vêtement ne gênoit la nature dans le développement de fes formes. Les exercices du corps, prefque journaliers, loin de nuire à fa conftitution, concouroient, au contraire, à la belle conformation de tous fes membres. Les Artiftes avoient fans ceffe fous les yeux la nature livrée à elle-même; & c'eft de cette précieufe imitation que font nées ces belles ftatues, qu'il eft fi difficile aujourd'hui d'égaler. Le luxe & la molleffe ayant énervé toutes les Nations de l'Europe, la véritable beauté, telle qu'elle fort des mains de la nature, ne fe rencontre guères que chez cette claffe d'hommes laborieux, qui, fans y penfer, & fans en prendre aucun foin, l'embelliffent par un exercice modéré; eux feuls font capables de fervir de modèles aux Artiftes; nous difons que cet exercice doit être modéré, parce que les travaux pénibles produifent des effets contraires, beaucoup plus fenfibles cependant chez les femmes que chez les hommes. Chez ce fexe foible, l'exercice doit être proportionné à la délicateffe de fa conftitution. Confidérons les femmes de la campagne; leur teint bruni, leur corps nerveux, leurs mufcles fortement prononcés, font les fuites de leur vie laborieufe. Elles acquièrent de la vigueur, mais c'eft aux dépens des graces & de la délicateffe qui caractérifent principalement leur fexe. Il n'en eft pas de même de celles qui font élevées & vivent au fein de nos cités. Une beauté naiffante y eft-elle foigneufement cultivée? fes charmes fe développent, la voit s'embellir de jour en jour; eft-elle, au contraire, privée de foins, ou expofée à des impreffions défavorables? Dépourvue de graces, elle voit fes attraits fe flétrir, à mefure qu'elle les voit éclore.

En même-temps que la connoiffance des os conduit à celle des proportions, celle des mufcles mène à celle de l'enfemble, puifque c'eft des mufcles que dépendent les variétés qu'on apperçoit dans les formes. Mais on dira peut-être : ne fauroit-on donc connoître les proportions & l'enfemble d'une figure, fans s'appliquer à une fcience qui ne met fous les yeux que des objets révoltans? Eft-il donc fi néceffaire de voir les mufcles à nud? Ne fuffit-il pas de les étudier fur ces belles figures antiques & modernes qui les montrent auffi exactement que la nature? N'a-t-on pas affez de pièces Anatomiques en cire, de planches très-exactes, où toutes les parties font deffinées, avec la couleur qui eft propre à chacune? Enfin, fi l'on veut connoître les différentes attitudes dont le corps humain eft fufceptible, les mouvemens divers de fes membres, la nature vivante ne fuffit-elle pas feule fans le fecours de l'Anatomie? Comment la vue rebutante d'un fujet préparé par le fcalpel pourroit-elle être plus utile que la préfence d'un modèle vivant?

Ces objections, quelque fpécieufes qu'elles paroiffent, ne font que des prétextes frivoles que la pareffe invente, que la médiocrité adopte, & que le vrai talent méprife. Qui ignore que les figures en plâtre, que les belles ftatues, dont les proportions font les plus parfaites, n'inftruifent que de la forme extérieure des parties, fans donner aucune idée de leur ftructure interne? Les planches Anatomiques, les pièces en cire, fervent à faire connoître quelques mufcles, il eft vrai; mais elles laiffent abfolument

ignorer

ignorer leur jeu : le modèle vivant pourroit suffire, si l'on n'avoit à peindre que des situations naturelles, des attitudes tranquilles ; mais dans les mouvemens violens, dans les attitudes forcées, on sait que le modèle ne sauroit conserver long-temps la même position, parce que la fatigue affaisse promptement les muscles. D'ailleurs, quand même on travailleroit sur des modèles intelligens & infatigables, on pourroit bien, par leur moyen, connoître les effets, mais on ignoreroit toujours les causes. Quoi de plus satisfaisant pour un Artiste, que de pouvoir se rendre compte à lui-même des raisons qui le font agir, & qui le portent à représenter une partie, d'une manière plutôt que d'une autre ? Si les succès sont flatteurs, c'est, sans contredit, lorsqu'on sait pourquoi & comment on les obtient.

On ne peut cependant nier que les figures en plâtre, les planches Anatomiques, ou les pièces en cire, n'aient aussi leurs avantages ; mais ce n'est qu'après avoir étudié avec soin, sur le cadavre, l'Ostéologie & la Myologie, que le jeune Elève doit commencer à dessiner. La vue de ces pièces lui rappellera alors les idées que l'Anatomie lui aura données, & les gravera plus profondément dans sa mémoire. Le modèle vivant lui sera de même très-utile : car en observant les différens mouvemens des membres, il devinera aisément ce qui sert à les produire. Il pourra alors entreprendre de dessiner les statues antiques ; parce que ses connoissances Anatomiques l'auront mis en état de rendre fidèlement leurs beautés. En suivant cette marche, loin de travailler en aveugle, ou en copiste servile, il saisira promptement l'action spontanée des muscles, & pourra ainsi rendre compte de tout ce qu'il doit exprimer.

Mais nous devons répondre à une objection peut-être encore plus forte que celle que nous avons déjà combattue. Les Grecs, dit-on, connoissoient fort peu l'Anatomie, & l'Histoire ne nous dit point que leurs Artistes s'en soient occupés ; cependant ils nous ont laissé des chef-d'œuvres, des ouvrages accomplis : une telle objection est la défense de la médiocrité paresseuse, que le travail effraie. Nous pourrions en outre élever des doutes sur le prétendu fait qu'on oppose ici : nous pourrions faire remarquer, à ceux qui l'objectent, qu'ils ne peuvent l'appuyer sur aucun monument historique : tout cela nous seroit très-facile, mais nous entraîneroit dans des détails étrangers à notre sujet. Qu'il nous suffise de rappeler ici que les anciens avoient, pour dessiner le modèle vivant, des moyens que nous n'avons pas, & auxquels il est presque hors de doute qu'ils joignoient l'étude des os & celle des muscles.

On sait combien étoient communs chez eux les exercices du corps. Dans ces temps reculés, la force physique des individus faisoit la force des empires. Ce n'est point un paradoxe de dire que c'étoit en grande partie à la vigueur des muscles qu'un Etat devoit sa puissance, qu'ils étoient les premiers instrumens de ses triomphes, parce que les combats de Nation à Nation se réduisoient dans la mêlée à des combats singuliers d'homme à homme. Le déplorable génie de la destruction n'avoit point encore combiné le ressort de l'air & du feu des matières combustibles ; l'homme n'étoit pas encore (qu'on me passe l'expression) le dieu de la foudre. Un Etat qui ne comportoit pas une population assez considérable pour se maintenir contre des Peuples puissans, devoit s'occuper de tous les moyens qui se présentoient de l'augmenter & de l'améliorer, d'avoir un grand nombre d'hommes, & de les avoir plus forts.   B

C'est à quoi les Grecs parvinrent, avec le secours de plusieurs grandes institutions. Pour avoir des défenseurs vigoureux, & des soldats capables de résister à la Perse, ils formèrent des Athlètes. Leurs Jeux Olympiques n'étoient que des épreuves de leurs combats à Marathon, aux Thermopyles, à Salamine; leurs fêtes étoient des jeux, & leurs jeux des essais de victoires. Un Peuple peu nombreux, aiguisoit, exerçoit, multiplioit ainsi ses forces, & se mettoit en état de lutter contre toutes celles de l'Asie.

Pour conserver sa puissance, il falloit qu'il entretînt la vigueur des individus qui le composoient. Delà, son attachement pour ses jeux, où les forces du corps, combinées avec la légèreté, l'agilité, la souplesse, étoient sûres d'obtenir une éclatante victoire.

Que l'on se figure des hommes de haute taille, dont les membres sont forts & nourris, les muscles bien prononcés, les chairs compactes, les parties dures & molles, recouvertes d'enveloppes à la fois souples & fermes, chez lesquels enfin la nature est parée de ses plus belles formes; tels étoient les hommes qui se présentoient aux Jeux Olympiques. Au moment même de la lutte, de la course, toutes les parties recevoient encore un développement superbe. L'œil les saisissoit & les distinguoit sans peine. Tout dans l'Athlète étoit en mouvement; tout sortoit des proportions ordinaires. Son corps devenoit alors, pour le Peintre & pour le Sculpteur, une leçon d'Anatomie. Les attitudes menaçantes, l'intention des gestes, les enlacemens des deux corps serrés l'un contre l'autre, rien n'échappoit à l'Artiste; c'étoit-là qu'il étudioit le jeu du système musculaire, qu'il le voyoit réellement à travers les tégumens. Toutes les différences qui peuvent résulter de la différence des positions & des efforts, frappoient successivement ses yeux, & sembloient lui dicter ce qu'il avoit à faire.

Par une heureuse combinaison, les jeux variés pour le plus grand bien de l'Etat, l'étoient en même-temps pour le plus grand bien des Arts; de manière que les beaux modèles devoient être beaucoup plus communs chez les Grecs, qu'ils ne le sont parmi nous. Il semble qu'ils aient multiplié, à l'infini, tous leurs exercices, afin de donner à leurs Artistes, l'idée de toutes les belles formes de la nature. Les danses publiques des jeunes garçons & des jeunes filles, toutes nues, dans différentes fêtes à Lacédémone, la course, la lutte, les combats du char, tout leur présentoit, pour sujet d'imitation, les plus heureuses proportions & les traits les mieux dessinés. Que ceux donc qui citent l'exemple des Grecs, pour se dispenser, dans les Arts d'imitation, de l'étude de l'Anatomie, fassent revivre ces anciennes institutions, qui étoient, pour les Sculpteurs & les Peintres, de véritables démonstrations Anatomiques du corps humain; qu'ils viennent ensuite nous dire, s'ils l'osent, que ces Artistes ne faisoient point une étude très-étendue de l'économie animale. C'est ce qu'on ne pourra jamais se persuader, lorsqu'on jettera seulement les yeux sur ces superbes dessins, ces sculptures admirables, ces chef-d'œuvres des Arts qu'ils nous ont laissés, dignes encore aujourd'hui de nous servir de modèles. Concluons donc qu'ils ont dû, comme nous, quoique d'une manière différente, se livrer à l'étude de l'Anatomie, en connoître les détails, pour exécuter & rendre aussi parfaits leurs ouvrages.

La justesse des proportions, l'exactitude de l'ensemble, l'élégance des formes, ne font pas les seules qualités qui concourent à la perfection d'une figure ou d'une statue; sans la vérité de l'expreſſion, le tableau avec le meilleur coloris, la ſtatue avec la plus grande régularité, ne pourront mériter complettement le ſuffrage des Connoiſſeurs.

L'EXPRESSION eſt donc l'ame d'un tableau, ainſi que d'une ſtatue; c'eſt l'image vive & frappante des affections de l'ame elle-même. Tout ce qui lui cauſe quelqu'émotion, communique au viſage des formes caractériſtiques produites par les muſcles, dont les uns ſe renflent, les autres ſe relâchent; tous concourent à ces effets, ſuivant la différente énergie dont jouit le ſyſtême vital. En un mot, pour qu'un tableau ſoit parfait, il ne ſuffit pas qu'il ſoit deſſiné, qu'il ſoit peint; il faut encore qu'il réuniſſe l'harmonie des couleurs, l'énergie des expreſſions, qu'il faſſe en quelque ſorte paſſer dans l'ame les images que préſente la toile. Telle eſt la magie de nos Maîtres dans tous les Arts d'imagination. Il eſt vrai qu'ils ont livré leur ſecret à bien peu d'Adeptes.

QUE l'Artiſte, qui veut donner à ſes figures cette expreſſion qui les anime & les vivifie, étudie donc avec ſoin le cœur humain. C'eſt en le ſcrutant juſques dans ſes derniers replis, qu'il apprendra à connoître les paſſions : c'eſt en obſervant d'abord l'homme moral qu'il ſaura diſtinguer les différentes nuances qui le caractériſent; c'eſt enſuite en étudiant l'homme phyſique qu'il s'accoutumera à ſaiſir les divers ſignes qui rendent ſes traits plus ſaillans. La ſcience des paſſions eſt donc la partie la plus intéreſſante pour les Arts d'imitation; la fécondité de l'invention, la régularité du deſſin, l'harmonie & la force des couleurs, ſont auſſi autant de moyens qui concourent à la vérité de l'expreſſion. C'eſt elle qui donne la vie à l'ouvrage; c'eſt la flamme de Prométhée qui anime l'argile qu'il a façonnée. C'eſt par elle que la Peinture marche l'égale de la Poéſie & de la Muſique, & qu'elle obtient l'avantage de nous émouvoir, de parler à nos ames, & de nous faire éprouver les ſentimens qu'elle peint.

JETTONS d'abord un coup-d'œil ſur l'origine & la diviſion des paſſions : nous examinerons enſuite leurs divers ſignes. Rien ſans doute ne ſeroit plus intéreſſant pour l'homme que l'analyſe de ſon être moral; mais peut-il la faire? Combien n'y a-t-il pas d'opinions différentes parmi les Philoſophes ſur cette matière? Les uns ont ſoutenu que l'homme naît bon, & que les paſſions funeſtes, dont il eſt le jouet, & quelquefois la victime, ne ſont que les réſultats de ſon éducation, des exemples qu'il a ſous les yeux, & des circonſtances dans leſquelles il ſe trouve. Suivant ce ſyſtême, l'homme ſortant du ſein de la nature, porte en lui le germe de la juſtice & de la vertu; mais les beſoins factices qu'il contracte dans la ſociété, les difficultés qu'il éprouve à les ſatisfaire, étouffent bientôt ce germe précieux, & font naître les ſemences de tous les vices.

TELLE eſt l'opinion qu'avoit adopté le célèbre Auteur d'*Emile*; il n'eſt pas étonnant qu'un ſyſtême, ſéduiſant par lui-même, & ſoutenu par une plume auſſi éloquente, ait eu un grand nombre de partiſans; mais il n'a pas eu moins de contradicteurs. Quoi! diſoient ces derniers, l'homme civiliſé ne ſauroit donc être vertueux? Il ne pourra donc conſerver ſon innocence, s'il n'erre dans les bois, s'il ne ſe nourrit de glands, s'il ne va tout nud; en un mot, s'il ne vit à la manière des Sauvages. Quels ſont donc les Peuples qui ont donné les plus grands exemples de vertus? Sont-ce les Sauvages du Nord ou du Midi, les Iroquois ou les Papoux? Non, ſans doute : où trouve-t-on des Héros? eſt-ce dans les habitations fauvages des Ifles de la Mer du Sud? Non, fans doute, ou du moins très-rarement. C'eft chez les Grecs, chez les Romains, chez les Anglois, les Allemands & les François, enfin chez les Peuples civilifés, que l'on rencontre les plus célèbres & les plus fréquens exemples de vertu & de courage.

Un fyftême tout-à-fait oppofé à celui du Philofophe de Genève, a auffi trouvé des fectateurs. Les hommes naiffent méchans & cruels, foutiennent ceux-ci; le defir commun de poffeder les mêmes chofes, les arme néceffairement les uns contre les autres; alors il n'exifte de loi dans la nature, que celle du plus fort. Cette opinion révoltante, qui ne fauroit plaire qu'à quelques Mifantropes défœuvrés, ne doit pas fixer un feul moment l'attention de l'homme fenfé.

Un Philofophe moderne, *Helvétius*, après avoir réfuté ces deux différens fyftêmes, par les raifons les plus folides, a embraffé une opinion qui tient, en quelque forte, le milieu entre l'un & l'autre. Suivant cet Auteur, l'homme ne naît ni bon ni méchant. Il devient l'un ou l'autre, fuivant les circonftances. « Au moment où l'enfant fe détache » des flancs de fa mère, dit-il, il s'ouvre les portes de la vie, il y entre fans idées & fans » paffions ». Il réfulteroit de ces principes, que toutes nos paffions font factices. L'amour de foi, qu'on peut regarder, avec raifon, comme une paffion innée dans l'homme, ne feroit alors, comme les autres, qu'une paffion acquife, puifqu'il ne connoît ce fentiment, que lorfqu'il a déjà éprouvé les premières atteintes de la douleur ou du plaifir phyfique. Cette opinion a beaucoup plus de rapport que toutes les autres, avec ce que l'expérience journalière nous prouve à chaque inftant : elle eft d'ailleurs conforme à l'ordre naturel.

La divifion des paffions a autant exercé la fagacité des Philofophes, que leur origine. Les uns les divifent en fimples & en compofées. Ils placent dans la première claffe, l'admiration, l'amour, la haine, la trifteffe; & dans la feconde, la crainte, la peur, la hardieffe, le défefpoir, l'efpérance, le defir, la colère, &c.

Le célèbre *le Brun* a admis cette divifion. Quel que foit mon refpect pour ce favant Artifte, je ne puis m'empêcher d'obferver que fon fentiment paroît hafardé; je ne vois pas en quoi la haine eft plus fimple que la colère; en quoi l'efpérance & le défefpoir font plus compofés que la joie & la trifteffe. Ne nous arrêtons donc à cette opinion, que relativement aux fignes qui caractérifent chaque paffion en particulier.

M. Dandré Bardon divife les paffions en quatre claffes :

Paffions tranquilles,
Paffions agréables,
Paffions triftes & douloureufes,
Paffions violentes & terribles.

Cette divifion eft beaucoup plus naturelle que la précédente; je ne fais cependant pas fi on ne pourroit pas admettre encore certaines paffions ou certaines difpofitions de l'ame, qu'il ne feroit pas facile de ranger dans une de ces quatre claffes; où placer, par exemple, l'irréfolution, la timidité, le defir, l'efpérance, le mépris & la dérifion? C'eft probablement cette difficulté qui a engagé *M. Watelet* à fuivre une autre marche, dans les réflexions judicieufes qu'il a propofées à la fuite de fon Poëme fur l'Art de Peindre.

Il divise les paſſions en ſix principales, dont chacune a pluſieurs nuances : par exemple, la triſteſſe eſt l'effet des malheurs ou de la pitié ; mais elle a différens dégrés, qui doivent être diſtingués, & qui ont des ſignes particuliers.

Voici les différentes nuances de cette paſſion :

Peine d'eſprit,
Inquiétude,
Regrets,
Chagrins,
Déplaiſances,
Langueur,
Abattement,
Abandon général,
Accablement.

La joie, qui eſt la ſeconde des paſſions principales, a auſſi ſes dégrés. Ses nuances ſont :

Satisfaction,
Sourire,
Gaîté,
Démonſtrations, comme geſtes, chant & danſe ;
Rire, qui va juſqu'à la convulſion,
Eclat,
Pleurs,
Embraſſemens,
Tranſports reſſemblans à la folie ou tenant de l'ivreſſe.

La douleur, produite par les maux corporels, a auſſi ſes nuances relatives aux dégrés de ſes maux, telles ſont :

Senſibilité,
Elancement,
Déchirement,
Tourmens,
Angoiſſes,
Déſeſpoir.

La pareſſe, & la foibleſſe du corps & de l'eſprit, ſont les ſources d'où naiſſent :

L'irréſolution,
La timidité,
Le ſaiſiſſement,
La crainte,
La peur,
La fuite,
La frayeur,
La terreur,
L'épouvante.

LES mouvemens oppofés à ceux-là, font ceux qui dépendent autant du corps que de l'ame, tels font :

La force,
Le courage,
La fermeté,
La réfolution,
La hardieffe,
L'intrépidité,
L'audace.

LA privation de quelque bien ou de quelque plaifir, la contradiction ou la réfiftance, excitent ordinairement l'envie, la jaloufie ou l'averfion.

LES différentes nuances de ces paffions font :

L'éloignement,
Le dégoût,
L'indignation,
La menace,
Le dédain,
Le mépris,
La raillerie,
L'antipathie,
La haine,
L'infulte,
La colère,
L'emportement,
La vengeance,
La fureur.

TELLE eft la divifion des paffions, rangées fuivant l'ordre qu'a fuivi le favant Amateur des Arts, on pourroit ajouter, fuivant l'ordre de la nature. On connoît, en effet, fa marche dans ces différentes gradations ; chaque paffion eft placée à fon rang ; c'eft un tableau fidèle des différens mouvemens dont notre ame eft fufceptible ; mais dans quelle claffe rangerons-nous l'amour, cette paffion, quelquefois fi douce & fouvent fi violente, dont les effets font fi agréables, & les excès fi funeftes ? Ce doux charme de la vie, fans lequel tout languit, & avec lequel tout renaît, n'a-t-il pas auffi fes dégrés & fes nuances ? Ecoutons encore fur ce fujet M. *Watelet*. « Je pourrois, (dit cet ingénieux Ecrivain,) » parcourir la timidité, l'embarras, l'agitation, la langueur, l'admiration, le defir, » l'ardeur, la palpitation, l'action des yeux, tantôt enflammés & tantôt humides, l'éclat » du coloris, l'épanouiffement des traits, l'impatience, un certain frémiffement, le trouble » & les tranfports, & l'on reconnoîtroit l'amour ».

EXAMINONS maintenant les caractères des principales paffions, & les changemens diffé-rens qu'elles produifent fur la phyfionomie ; cet examen fera voir comment, par l'agitation des nerfs & des vaiffeaux, & par l'action des mufcles, les mouvemens de l'ame fe

manifeſtent à l'extérieur, d'où l'on concluera aiſément qu'un Artiſte ne ſauroit rendre avec
vérité ces mouvemens, s'il ne connoît, dans un dégré ſupérieur, les parties qui ſervent
à les exprimer, & le méchaniſme de leur action. Cette démonſtration achevera de con-
vaincre ceux de nos Lecteurs qui auroient encore des doutes ſur les avantages de l'Anatomie dans les Arts d'imitation; mais avant d'entrer dans ces détails, il convient de donner
une idée de la face humaine; je crois ne pouvoir mieux faire que de préſenter ici quelques
images de la belle deſcription que l'illuſtre M. le Comte de Buffon en a donnée.

« TOUT annonce dans l'homme le maître de la terre, dit le Pline François, tout marque
» dans lui ſa ſupériorité ſur tous les êtres vivans..... Son port majeſtueux annonce ſa
» nobleſſe & ſon rang. Sur ſa face auguſte eſt imprimé le caractère de ſa dignité. L'image
» de ſon ame eſt peinte ſur ſa phyſionomie. Eſt-elle tranquille, toutes les parties du
» viſage ſont dans un état de repos qui annonce le calme intérieur. Leur union marque
» la douce harmonie de ſes penſées. L'ame eſt-elle agitée? la face humaine devient un
» tableau animé, où les paſſions ſont rendues avec autant de délicateſſe que d'énergie,
» où chaque mouvement de l'ame eſt exprimé par un trait, chaque action par un caractère
» qui la décèle; c'eſt ſur-tout dans les yeux que ſe peignent nos agitations ſecrètes....;
» l'œil appartient à l'ame, plus qu'aucun autre organe; il ſemble y toucher & participer
» à tous ſes mouvemens; il en exprime les paſſions les plus vives, & les émotions les
» plus tumultueuſes, comme les mouvemens les plus doux, & les ſentimens les plus
» délicats; il les rend dans toute leur force, dans toute leur pureté, tels qu'ils viennent
» de naître; il les tranſmet par des traits rapides qui portent dans une autre ame le feu,
» l'action, l'image de celle dont ils partent. L'œil reçoit & réfléchit en même-temps la
» lumière de la penſée, & la chaleur du ſentiment; c'eſt le ſens de l'eſprit, & la langue
» de l'intelligence..... La vivacité ou la langueur du mouvement des yeux, fait un des
» principaux caractères de la phyſionomie ». Quoique les yeux paroiſſent ſe mouvoir en
tout ſens, ils n'ont cependant qu'un mouvement de rotation autour de leur centre, au
moyen duquel la prunelle ou la pupille paroît s'approcher ou s'éloigner des angles de l'œil,
s'élever ou s'abaiſſer.

LES yeux, comme tout le monde ſait, ſont de différentes couleurs; il y en a de
jaunes, de gris, & de gris mêlés de blanc; les couleurs les plus ordinaires ſont l'orangé
& le bleu; ſouvent elles ſont mêlées dans le même œil; les yeux qui paroiſſent noirs,
ne ſont que d'un jaune brun ou orangé foncé. Cette couleur tranche ſi fort ſur le blanc
de l'œil, qu'on la croit noire. Les plus beaux yeux ſont ceux qui paroiſſent d'un grand
noir ou bleu foncé. Le feu & la vivacité de l'œil éclatent plus dans les couleurs foncées,
que dans les teintes plus foibles.

L'ESPACE circulaire qui embraſſe la pupille, ſe nomme l'Iris : il eſt compoſé de petits
vaiſſeaux diſpoſés en forme de rayons, dirigés du centre à la circonférence. Ces petites
ramifications donnent naiſſance à d'autres très-petites, plus délicates encore; dans
l'intervalle de ces très-petits vaiſſeaux capillaires ſi mêlés & ſi fins, on voit, au moyen
du microſcope, quelquefois même avec l'œil nud, nombre de petits pelotons graniformes,
qui paroiſſent formés de la ſommité des artères, leſquels, ſingulièrement déliés & pulpeux,

ſe terminent enſuite d'une manière plus ou moins radiée. C'eſt de ces artères que l'iris tire ſa forme élégante & ſa ſurface veloutée; elles contiennent une liqueur diverſement nuancée, qui, des yeux de l'homme & des animaux, nous donne le reflet de ces couleurs très-brillantes & très-variées, dont nous avons déjà parlé. On obſerve même des ſujets où ces nombreux petits vaiſſeaux ſont arrangés avec tant de ſymétrie, qu'ils ſemblent repréſenter différentes figures.

Lorsqu'il m'arrive d'être aſſez heureux pour réuſſir ainſi par mes injections, pour ſuivre & développer avec ſuccès toutes ces merveilles, mon ame ne peut ſe refuſer au vif ſentiment de joie & de plaiſir qu'elle éprouve, & je crois avoir découvert le voile qui déroboit à mes yeux le ſecret de la nature.

Quoique les joues n'aient par elles-mêmes aucun mouvement volontaire, elles n'en contribuent pas moins à l'expreſſion, par la rougeur ou la pâleur dont elles ſe couvrent involontairement dans les différentes paſſions.

Nous ne dirons rien du menton, des oreilles & des tempes; l'expreſſion de ces parties eſt aſſez connue.

La tête entière caractériſe les différentes paſſions par ſes différens mouvemens, & par les poſitions diverſes qu'elle prend, ſuivant les circonſtances, ainſi qu'on le verra lorſque nous examinerons en particulier quelques paſſions.

Tel eſt l'apperçu du tableau que préſente la face humaine; parcourons maintenant les divers changemens que les principales paſſions y produiſent; car les altérations du viſage ſont les ſignes qui indiquent l'état de l'ame.

L'ébauche que le Brun a donnée de ces ſignes, ſera mon principal guide; afin de la completter, j'y joindrai quelques obſervations intéreſſantes de M. Dandré Bardon, & quelques-unes des réflexions judicieuſes de M. Watelet.

Toutes les paſſions ſont des élans de l'ame, qui ſemblent relatifs aux impreſſions des ſens; elles peuvent être exprimées par les mouvemens du corps. A l'inſpection de ces mouvemens, & ſur-tout des changemens qui ſe manifeſtent ſur le viſage, on peut preſque toujours juger de ce qui ſe paſſe dans le principe vital. On peut en conſéquence aſſurer que chaque paſſion a ſon caractère particulier, & un langage qui lui eſt propre.

Dans les impreſſions légères, où l'ame n'eſt que foiblement affectée, dans ces paſſions que M. Dandré Bardon appelle tranquilles, telles que l'étonnement, l'admiration, l'eſtime, la vénération, &c.; les muſcles de la face n'éprouvent aucune altération ſenſible : tout annonce la paix dont l'ame jouit; tout mouvement du corps eſt ſuſpendu, les membres reſtent dans la même attitude; il y a cependant quelques ſignes particuliers qui diſtinguent entr'elles ces impreſſions de l'ame.

Dans l'étonnement, par exemple, la tête fait un mouvement en arrière, les yeux ſont très-ouverts, la prunelle eſt fixe & immobile au milieu de l'orbite, les ſourcils ſont élevés dans leur milieu, le front eſt ridé, la bouche eſt ouverte.

Dans

17

Dans l'admiration, toutes ces parties approchent davantage de l'état naturel ; la bouche n'eſt qu'entr'ouverte, & l'on n'y remarque aucune altération ; les yeux ſont fixes & immobiles, & les ſourcils moins élevés.

Dans l'eſtime, le regard eſt fixe, les ſourcils ſont un peu baiſſés du côté du nez, & un peu élevés du côté des tempes. La tête & le corps paroiſſent ſe porter doucement en avant, le reſte eſt dans l'état naturel.

Dans la triſteſſe, tout annonce l'état déſagréable où l'ame ſe trouve ; un air languiſſant, un teint plombé, le relâchement de tous les muſcles, la tête nonchalamment penchée ſur l'une ou ſur l'autre épaule, ſont des ſignes généraux de la douleur ; mais cette paſſion a des caractères particuliers qui la diſtinguent, tels ſont les ſourcils dirigés en haut du côté du front, & élargis du côté des tempes, les prunelles élevées, & à moitié cachées ſous les paupières ſupérieures, l'œil trouble, ou d'un blanc jaunâtre, les coins des lèvres baiſſés, la lèvre inférieure un peu élevée vers le milieu, &c.

Dans les mouvemens de l'ame, qui dépendent de ſa foibleſſe ou de celle du corps, dans cette claſſe qui comprend les différentes nuances des paſſions, depuis la timidité juſqu'à l'épouvante, l'ame eſt dans une ſorte d'aviliſſement, d'où naît la honte, & même l'égarement de l'eſprit. Ces agitations ſe manifeſtent par différens changemens qui altèrent plus ou moins la phyſionomie, ſuivant le degré d'impreſſion dont l'ame eſt affectée. Par exemple, dans la frayeur, les muſcles ſourcilliers ſe contractent, les ſourcils s'élèvent vers le milieu, le front ſe ride, les paupières s'ouvrent autant qu'il eſt poſſible, ſe cachent, pour ainſi dire, ſous les ſourcils, & laiſſent voir la plus grande partie du blanc de l'œil au-deſſus de la prunelle, qui ſe baiſſe & ſe cache derrière la paupière inférieure ; la bouche eſt ouverte ; les lèvres très-écartées laiſſent voir les dents ſupérieures & inférieures, ainſi que les gencives ; toutes les veines du viſage ſont apparentes ; cependant la couleur de la face eſt pâle & plombée, ſur-tout celle du nez, des lèvres & du tour des yeux ; enfin les cheveux ſe hériſſent.

Les ſignes qui caractériſent les paſſions agréables, varient preſqu'à l'infini ; les geſtes indéterminés & les danſes, en ſont les caractères acceſſoires. Le ris immodéré, pouſſé juſqu'aux éclats, a ſon expreſſion particulière ; les veines du viſage & du col s'enflent, les muſcles ſe gonflent, les ſourcils s'élèvent du milieu de la paupière ſupérieure, & s'abaiſſent du côté du nez ; les yeux ſont preſque fermés ; la bouche entr'ouverte laiſſe paroître les dents ; les commiſſures des lèvres s'éloignent l'une de l'autre & s'élèvent, ce qui fait voir les joues enflées, & les yeux paroiſſent mouillés de larmes ; les aîles du nez s'écartent, le viſage ſe colore & s'anime, la tête ſe porte en arrière, les bras s'étendent & tombent ſur les flancs, tout le corps penche un peu en avant.

Si vous avez à peindre des paſſions violentes, telles que la colère & la fureur, la rage & le déſeſpoir, n'oubliez pas que toutes les parties du corps doivent concourir à l'expreſſion, & indiquer les mouvemens violens dont l'ame eſt agitée ; que le corps s'avance, que la tête s'élève dans une attitude menaçante ; que les bras paroiſſent ſe diriger vers

C

le même point ; que les mains fe ferment, à moins qu'elles ne foient armées ; rappellez-vous que la prunelle eft alors étincelante & égarée, les fourcils tantôt élevés & tantôt abaiffés, le front fortement ridé, les narines très-dilatées ; que les lèvres fe preffent l'une contre l'autre ; que l'inférieure furmonte la fupérieure, & laiffe les coins de la bouche entr'ouverts, d'où réfulte un ris amer, cruel & dédaigneux ; de plus, dans ces paffions, le vifage eft tantôt rouge & tantôt pâle ; il paroît enflé, les veines du front, du col & des tempes fe gonflent, & les cheveux fe hériffent ; ces différens fignes exprimés avec plus ou moins d'énergie, indiquent les différentes nuances de ces paffions terribles, que l'homme, malgré fa raifon, a tant de peine à dompter.

J'aurois peut-être dû appuyer les préceptes que je donne fur quelques exemples tirés des fuperbes modèles qu'offrent les *Raphaël*, les *Michel-Ange*, les *Rubens*, les *Domini-quain*, les *le Pouffin*, les *le Brun*, les *le Sueur*, & quelques Artiftes célèbres qui font aujourd'hui l'ornement de l'Ecole Françoife ; les Elèves euffent fans doute mieux jugé de la néceffité des règles, fi je leur avois fait remarquer l'heureufe application que ces hommes de génie en ont faite dans leurs ouvrages ; mais cette entreprife m'auroit obligé de paffer les bornes que je me fuis prefcrites dans ce Difcours préliminaire ; c'eft aux habiles Pro-feffeurs qui foutiennent la gloire de l'Académie Royale de Peinture & de Sculpture, qu'il appartient de faire diftinguer toutes les fineffes de leur Art.

L'homme eft *le plus noble fujet des Arts d'imitation, mais il n'eft pas le feul ;* tous *les autres êtres vivans animent, embelliffent* réellement, quoique dans *un degré inférieur,* les chef-d'œuvres des grands Artiftes. Chaque efpèce d'animal a fa phyfionomie particu-lière & une expreffion qui lui eft propre. L'Anatomie comparée peut feule rendre raifon de cette différence (1).

Ici *s'appliquent, avec quelques modifications qu'il eft aifé de fentir, quelques-unes des raifons générales que nous avons données, afin de démontrer l'utilité de la phyfique animale, pour atteindre à la parfaite reffemblance de tous les êtres loco-mobiles.*

---

(1) Les Artiftes pourront confulter un Ouvrage fait avec foin, & qui a pour titre : *Mémoire artificielle des principes relatifs à la fidèle repréfentation des Animaux, tant en Peinture qu'en Sculpture.* Par MM. Goiffon & Vincent.

ÉLÉMENS D'ANATOMIE.

INTRODUCTION.

L'ANATOMIE eſt la ſcience qui, par la diſſection, nous conduit à connoître le corps humain, & tous les corps qui ont joui de la vie. C'eſt elle qui nous inſtruit du nombre, de la ſituation, du volume, de la figure, de la ſtructure, des connexions, des dépendances réciproques, des fonctions & des uſages des parties, qui compoſent les corps que nous venons de déſigner. Mais notre objet ſe bornant uniquement à l'étude de l'homme, c'eſt lui que nous allons conſidérer ſous ce point de vue.

L'homme eſt compoſé de ſubſtances ſolides & fluides; les premières, ont reçu différens noms, tels que ceux d'os, de cartilages, de ligamens, de muſcles, de vaiſſeaux, de glandes, de nerfs, de membranes, de viſcères, &c.; les ſecondes ſont le chyle, le ſang, la lymphe, & toutes les autres humeurs qui en émanent.

Les os ſont les parties du corps les plus fermes & les plus dures; ils ſervent de baſe & d'appui à toutes les autres.

Les cartilages ſont des ſubſtances blanches, élaſtiques, luiſantes, aſſez fermes & ſouples, ſouvent liſſes & polies; les uns ſervent aux articulations des os; les autres augmentent leur étendue, & ont encore pluſieurs autres uſages.

Les ligamens ſont compoſés de quantité de fibres d'une belle couleur argentée, très-fortes, élaſtiques, & plus ſouples que celles des cartilages; ils ſont deſtinés à unir les os, à les maintenir, & à les affermir dans leurs articulations: leur figure varie beaucoup. Ceux qui environnent les articulations ſont de différentes eſpèces; ils ſont placés les uns en dehors des jointures, les autres en dedans. Ceux qui ſont hors des jointures, ou les embraſſent ſous la forme d'une toile mince, qui a la propriété d'empêcher la liqueur contenue de s'écouler, & alors on les nomme ligamens capſulaires; ou ils ſont très-épais & fibreux, & ſervent à la double fonction de maintenir les os joints enſemble, & de retenir la ſynovie: & alors on les appelle ligamens articulaires; ils ſe rencontrent aux articulations qui permettent des mouvemens très-libres; d'autres ne ſont point apparens extérieurement: comme ils ſont ſitués très-profondément, il eſt inutile d'en parler, puiſque nous ne devons décrire ici que les parties qui prononcent au dehors. Nous ne dirons rien en conſéquence des ligamens qui ſont en dedans des articulations.

Les muſcles ſont des parties compoſées principalement de fibres charnues, molles, rougeâtres, capables de ſe contracter & de ſe raccourcir; ils ſont les organes du mouvement.

On donne le nom de vaiſſeaux à une infinité de canaux de diverſe grandeur; ils contiennent principalement le ſang & la lymphe, qu'ils font circuler dans toutes les parties du corps.

Les nerfs ſont des productions molles, plus ou moins longues, preſque toutes en forme de cordons aſſez unis, & de couleur blanche; ils tirent leur origine du cerveau, du cervelet, & de la moëlle allongée & épinière: ce ſont eux qui vivifient, pour ainſi dire, tout le

C 2

fyſtême animal, en lui communiquant ce principe actif, qui lui donne le mouvement & le ſentiment.

Les glandes ſont des organes, d'une forme & d'une ſtructure particulière, deſtinés à ſéparer du ſang quelques liqueurs, ou à perfectionner la lymphe.

Les membranes ſont un tiſſu de fibres, plus ou moins déliées, plus ou moins minces, qui, tantôt forment des toiles, tantôt des petites cellules; elles ont pour uſage d'entrelacer les différentes parties, & de contenir la graiſſe répandue çà & là dans le corps.

Les viſcères ſont des organes renfermés dans les trois grandes capacités : tels ſont le cerveau, le cœur, les poumons, l'eſtomac, les inteſtins, le foie, la rate, les reins, &c.

D'après cette ſimple expoſition, il eſt aiſé de concevoir que le corps de l'homme eſt compoſé de quantité de parties qui diffèrent toutes entr'elles, eu égard à leur forme, à leurs uſages, & à leur conſiſtance.

Mais pour ne pas ſortir de la ſphère d'inſtruction dans laquelle je me ſuis renfermé, en faveur de ceux qui ſe livrent à l'Art du Deſſin, je vais tracer le plan général que je me propoſe de ſuivre.

Je diviſe cet Ouvrage en quatre parties; la première préſentera l'hiſtoire des os & des ſubſtances qui y ont rapport; la ſeconde traitera des muſcles ou des puiſſances motrices qui agiſſent ſur les os; dans la troiſième, je parcourerai ſur le modèle vivant les veines extérieures cutanées qui prononcent ſenſiblement; dans la quatrième, je donnerai une eſquiſſe des organes des ſens & des nerfs, comme parties qui concourent, d'une manière particulière, à l'expreſſion.

OSTÉOLOGIE.
DU SQUELETTE ET DE SES DIFFÉRENCES.

Les Anatomiſtes ont défini le ſquelette, l'aſſemblage des os du corps humain ou de celui des animaux. Ils ont diviſé le ſquelette en naturel & en artificiel. Le ſquelette naturel eſt celui dont les os ſont maintenus par leurs propres ligamens : l'artificiel, au contraire, eſt celui dont les os ſont réunis par des ſubſtances qui leur ſont étrangères, comme les fils de laiton, de fer, d'or ou d'argent, &c.

On conſidère le ſquelette naturel ſous deux aſpects différens; le premier, lorſqu'il eſt frais & récent; le ſecond, lorſqu'il eſt ancien & deſſéché.

Ces trois ſortes de ſquelette, le frais, le deſſéché, & celui dont les os ſont réunis par des liens métalliques, ont chacun leur utilité. Elle dépend beaucoup des circonſtances où l'on ſe trouve pour les conſulter & les étudier : cependant, l'étude ſur le ſquelette frais eſt beaucoup plus avantageuſe, quand on peut s'y livrer par préférence. Mais l'étude la plus ordinaire eſt celle du ſquelette, dont les os ſont réunis par des liens artificiels, parce qu'on peut facilement l'obſerver, y bien ſaiſir les articulations des os, & le poſſéder chez ſoi dans toutes les ſaiſons, ſans en être incommodé; avantage précieux pour ceux qui ont beſoin de ſe livrer continuellement aux recherches Anatomiques.

Le ſquelette diffère par rapport au ſexe & à l'âge.

Il exiſte, entre les os qui compoſent le ſquelette de la femme & ceux qui compoſent celui de l'homme, une différence frappante (1).

Les os de la femme, toutes choſes égales d'ailleurs, ſont plus petits, plus minces, plus finement travaillés; leurs apophyſes ſont moins groſſes, plus unies; leurs cavités plus étroites, & moins profondes.

La tête de la femme eſt plus petite que celle de l'homme; la poitrine eſt plus étroite;

---

(1) Voyez figure première & quatrième, planches de l'Oſtéologie.

l'épine plus courbée; les hanches plus groffes & plus larges, ce qui rend le baffin plus évafé & plus fpacieux chez la femme que chez l'homme. Il fuit de-là que le col de l'os de la cuiffe eft fitué plus tranfverfalement, & fait un angle plus ouvert avec le tronc; cet écartement des os des cuiffes leur donne plus d'affiette pour foutenir le tronc, lorfque le volume du bas-ventre augmente dans la groffeffe; comme le baffin des femmes renferme des organes qui ne fe trouvent pas dans l'homme, & que ces organes, dans la groffeffe, acquièrent plus de volume, il étoit néceffaire que leur baffin eût plus de capacité.

Les différences du fequelette, par rapport à l'âge, offrent auffi beaucoup de chofes à confidérer. Les os d'un fujet du premier âge n'étant point encore affez développés, n'ont ni les proportions ni les dimenfions qu'ils doivent avoir, lorfqu'ils font parvenus à ce degré de perfection qui n'appartient qu'à l'âge de puberté, ou à celui des adultes (1).

Les proportions qui s'obfervent dans le fquelette, entre la longueur du tronc & les extrémités, varient d'âge en âge, jufqu'à l'accroiffement parfait des membres; celles du tronc reftent à un certain point pendant quelques années, & décroiffent enfuite vifiblement.

L'homme à l'âge de vingt ans, terme affez ordinaire prefcrit par la nature pour fon accroiffement, lorfque toutes fes parties font bien conftituées, a une égalité parfaite, quant à la longueur, dans les dimenfions du tronc & de fes extrémités inférieures, de façon que l'efpace qui règne depuis le fommet de la tête jufqu'à la partie fupérieure de la fymphife du pubis, égale celui qui s'étend depuis cette même fymphife jufqu'à la plante des pieds (2).

Il eft encore à remarquer que les extrémités fupérieures, étant élevées & étendues, fuivant la ligne horifontale de l'épaule, établiffent

(1) Voyez figure cinquième, comparée à la figure première, planches d'Oftéologie.

(2) Voyez encore figure première, comparée à la figure cinquième, planches d'Oftéologie.

exactement la longueur du corps dans la belle conformation.

Divifion du Squelette.

ON divife le fquelette en tête, en tronc & en extrémités.

La tête fe divife en crâne & en face. Le crâne repréfente une boîte offeufe, compofée de huit os, qui font le coronal, les pariétaux, l'occipital, les temporaux, le fphénoïde & l'ethmoïde. L'union de ces os eft marquée par des lignes plus ou moins fillonnées, que l'on nomme futures.

La face eft compofée de deux mâchoires, l'une fupérieure, l'autre inférieure.

Quinze os, fans y comprendre les dents, entrent dans la compofition de la mâchoire fupérieure, favoir, les os propres du nez, les os maxillaires, les os unguis, ceux de la pommette, les cornets inférieurs du nez, les os du palais, les cornets fphénoïdaux, & le vomer.

La mâchoire inférieure eft compofée de deux pièces dans les enfans du premier âge, & d'une feule dans les adultes.

Les dents font ordinairement au nombre de trente-deux, feize à chaque mâchoire; on les diftingue en quatre incifives, deux canines, & dix molaires.

Le tronc contient trois parties, une commune, & deux propres; on les appelle la première épine, & les deux autres thorax ou poitrine, & baffin; l'épine eft compofée, 1°. de vingt-quatre vertèbres, divifées en fept cervicales, douze dorfales, & cinq lombaires, 2°. de l'os facrum, 3°. du coccix.

Le facrum n'eft fait que d'une feule pièce dans l'adulte; le coccix en a deux, & quelquefois trois, &c.

Le thorax ou la poitrine eft formé antérieurement par le fternum, latéralement par vingt-quatre côtes, douze de chaque côté, & poftérieurement par le concours des douze vertèbres dorfales.

Le baffin eft compofé, 1°. de deux grands os, connus fous le nom d'os des îles, ou os innominés, 2°. de l'os facrum, & du coccix.

Chaque os des îles, dans le premier âge, est formé de trois pièces, qu'on appelle ilion, ischion, & pubis.

Les extrémités du squelette font au nombre de quatre, deux supérieures, & deux inférieures.

Chaque extrémité supérieure se divise en épaule, en bras, en avant-bras, & en main.

L'omoplate & la clavicule entrent dans la composition de l'épaule.

Un seul os, nommé humérus, forme le bras.

L'avant-bras contient le cubitus & le radius.

La main se divise en carpe ou poignet, en métacarpe, & en doigts.

Le carpe est l'assemblage de huit os, disposés en deux rangées, appellées l'une brachiale, l'autre digitale. Les os de la première rangée font le scaphoïde, le sémi-lunaire, le cunéiforme, & le pisiforme. Les os de la seconde rangée font le trapèze, le trapézoïde ou pyramidal, le grand os & le crochu.

Quatre os placés sur la même ligne composent le métacarpe. Les doigts font au nombre de cinq, tous formés de trois pièces, appellées phalanges.

Chaque extrémité inférieure se divise en cuisse, en rotule, en jambe, & en pied.

Un seul os, nommé fémur, entre dans la composition de la cuisse.

La rotule est un petit os, situé à la partie inférieure & antérieure de l'os de la cuisse; il concourt à former la partie antérieure du genou.

A la jambe, il y a deux grands os, savoir, le tibia, qui est le plus considérable, & le péroné, situé du côté externe.

Le pied fait la quatrième partie de l'extrémité inférieure : il se divise en tarse, métatarse, & en doigts ou orteils.

Le tarse est composé de sept os, qui font l'astragal, le calcanéum, le scaphoïde, le cuboïde, & les trois cunéiformes.

Le métatarse est composé de cinq os, distingués seulement en premier, deuxième, troisième, quatrième & cinquième.

Les doigts ou orteils font aussi au nombre de cinq; ils ont chacun trois pièces qui se suivent, nommées phalanges, excepté le pouce qui n'en a que deux.

Des Os en général.

POUR faciliter l'étude des os, & pour expliquer leur nature le plus clairement qu'il me fera possible, j'aurai l'attention de ne faire mention que des choses utiles & indispensables à connoître pour les Artistes.

Je commencerai par donner une idée de la figure & de la grandeur des os, de leur position, &c. Je passerai légèrement sur ce qui concerne leur structure intérieure; j'insisterai davantage sur leur méchanisme & sur leurs usages.

De la conformation extérieure des Os.

POUR peu qu'on soit habitué à observer le squelette, on apperçoit que tous les os n'ont ni le même volume, ni la même figure; il y en a de grands, de moyens, de petits, d'épais, de minces, d'étroits, de larges, de longs, de courts, &c.; il y en a aussi de quarrés, de ronds, de triangulaires, &c.

La couleur est ordinairement blanche dans les os secs; mais cette couleur varie, suivant la consistance des os, l'âge, le tempérament, les animaux, &c.

On distingue d'abord dans les os une partie principale, qui en fait comme le corps, puis des éminences, des cavités, & des régions.

La partie principale, ou le corps d'un os, est ce qui en fait la masse, ce qui d'abord s'ossifie; c'est ordinairement la partie moyenne.

Les os présentent extérieurement des éminences & des cavités plus ou moins considérables. Il existe deux sortes d'éminences, les unes qui font continues au corps de l'os, qui ne font qu'une même pièce avec lui, & que l'on nomme apophyses; les autres auxquelles on a donné le nom d'épiphyses, parce qu'elles ne font que contiguës & soudées au corps de l'os, par le moyen d'un cartilage, qui s'ossifie ordinairement vers la vingtième année.

Il est à remarquer qu'il y a des épiphyses

qui ont des apophyfes, & des apophyfes qui ont à leur tour des épiphyfes.

Les apophyfes ont reçu différens noms, par rapport à leur figure, leur fituation, & leurs ufages.

On les appelle tête, col, condyle, tubérofité, relativement à leurs figures. Pour ce qui concerne leur fituation, on les nomme droites, tranfverfes, obliques, &c. Quant à leurs ufages, on les connoît fous le nom de pivots, de grand & de petit trochanters, &c.

On appelle tête toute éminence dont la furface eft ronde dans toute fa circonférence, ainfi qu'on le voit à la partie fupérieure de l'humérus & du fémur, &c.

Le col eft une éminence étroite à fon milieu, & évafée vers fes extrémités.

Le condyle eft applati de deux côtés, & arrondi fur une face, comme on peut le remarquer à l'extrémité inférieure du fémur & de l'humérus.

La tubérofité eft une éminence inégale, raboteufe & irrégulière.

Il y a deux fortes de cavités dans les os, deftinées les unes aux articulations, les autres à d'autres ufages. Les premières diffèrent entr'elles par leur grandeur, leur largeur & leur profondeur; on leur a donné le nom de glénoïdes, lorfqu'elles font peu profondes; telle eft la cavité de l'omoplate, qui reçoit la tête de l'humérus, &c. On les appelle cotyloïdes lorfqu'elles font très-profondes : les cavités des os des hanches en donnent un exemple.

Les fecondes cavités ne font point articulaires; elles n'ont rapport qu'à certaines parties molles; on les nomme foffe, finus, finuofité, trou, conduit, &c.

La foffe eft une cavité plus ou moins profonde, dont l'entrée eft plus large que le fond; lorfque cette cavité eft petite, on la nomme foffette.

Le finus, au contraire, a le fond très-large, & l'entrée étroite.

La finuofité eft une dépreffion pratiquée fur la furface des os, plus longue communément que large, en forme de gouttière, & toujours tapiffée d'un cartilage liffe & poli; fon ufage eft relatif aux tendons & aux mufcles.

De la ſtructure des Os.

QUOIQUE la connoiffance de la ftructure des os ne paroiffe pas abfolument néceffaire aux Artiftes, il eft certain cependant qu'une defcription courte & précife les mettra à portée de mieux comprendre leur force, leur réfiftance & leur méchanifme.

Les os font compofés de quantité de fibres fermes, folides, qui, par leur arrangement particulier, produifent un tiffu plus ou moins ferré, d'où réfultent les lames offeufes qui forment leur fubftance, qu'on divife, par rapport à leurs différentes conformations, en compacte, réticulaire, & fpongieufe ou cellulaire.

La fubftance compacte eft formée par l'union de différentes lames, intimément appliquées les unes fur les autres; elle occupe l'extérieur des os, & eft plus épaiffe au milieu qu'aux extrémités.

La fubftance réticulaire eft faite par l'entrelacement & le concours de plufieurs lames, & de quantité de fibres très-déliées en forme de réfeau. Elle exifte dans les grandes cavités des os longs & cylindriques, & des os prifmatiques : fon ufage eft de contenir la moëlle.

La fubftance fpongieufe eft compofée de quantité de petites fibres offeufes, qui s'entrecroifent fucceffivement, & forment des très-petites cellules, femblables à celles qu'on voit dans une éponge; elle occupe les extrémités des os longs, l'intérieur des os cubiques, & une grande partie des os larges; mais dans ces derniers, fur-tout au crâne, cette fubftance prend le nom de diploë; elle loge le fuc moëlleux.

Les os font prefque par-tout recouverts d'une membrane mince, fenfible, tranfparente, défignée fous le nom de périofte; elle contient les vaiffeaux qui portent leur nourriture, &c. (1).

---

(1) Il eft à remarquer que les Phyfiologiftes modernes regardent les os comme des organes plus propres à abforber

Des Glandes mucilagineuses & de la Synovie.

LES mouvemens qui résultent des articulations mobiles ne s'exécutent, avec beaucoup de facilité, qu'autant que les cartilages, qui revêtissent les éminences & les cavités articulaires, sont sans cesse lubréfiées par un fluide onctueux, nommé synovie; cette liqueur découle continuellement; elle paroît en partie préparée par des organes appellés glandes ou follécules mucilagineuses.

Si ce fluide conserve son caractère lubéfriant & son dégré de fluidité nécessaire, les mouvemens se font avec la plus grande aisance; si, au contraire, une cause quelconque déprave la sinovie, les mouvemens non-seulement se font avec beaucoup de gêne, mais encore sont accompagnés de douleurs les plus aigües; quelquefois même on est privé de tout mouvement : d'autres accidens, plus ou moins graves, en sont les suites; ce qui prouve l'extrême nécessité de l'intégrité de ce fluide, pour faciliter la douce liberté de nos mouvemens.

Articulations des Os.

LES articulations ou les jonctions des os méritent d'autant plus d'être étudiées par les jeunes Artistes, qu'ils sont très-souvent embarrassés pour les représenter fidèlement, faute d'avoir assez fait attention à la forme des parties articulées, ainsi qu'à l'étonnante différence que la nature a établie entre les articulations, pour les usages multipliés de nos mouvemens. Si, par exemple, l'on examine l'articulation de l'avant-bras avec le bras, celle de la cuisse avec la jambe, celles des phalanges entr'elles, puis celle du bras avec l'épaule, celle de la cuisse avec l'os des hanches, &c.; l'on verra que les trois premières articulations

que tous les autres. Ne pourroit-on pas en conséquence les comparer à une éponge, sans cesse disposée à absorber les matières les plus grasses & les plus sèches du corps. Mais les os ont une propriété mieux démontrée, c'est d'être de véritables organes sécrétoires qui séparent, du sang & des autres humeurs, une matière saline & particulière, dont ils sont le dépôt & le réservoir.

donnent des formes presque carrées d'un côté, & un peu arrondies du côté opposé, présentant, dans certains mouvemens, des angles très-aigus, tandis que les dernières offrent toujours une forme & une masse assez arrondie; aussi sont-elles bien plus aisées à exprimer, parce qu'elles sont moins compliquées que les premières.

Entrons dans les détails nécessaires du rapport des articulations entr'elles, pour saisir avec exactitude toutes les vérités importantes qu'elles nous présentent.

Les Anatomistes appellent articulation, ou *emmanchement* des os, (pour me servir de l'expression technique des Artistes) l'union de pièces assemblées, & ils appellent symphise le moyen d'union.

On distingue deux espèces d'articulations; la première ne permet aucun mouvement, telle est l'union des os du crâne, & de presque tous ceux de la face. La seconde permet des mouvemens; on la nomme mobile.

On reconnoît deux espèces d'articulations mobiles; la première est celle qui permet des mouvemens en tout sens : on la nomme genou ou orbiculaire. La jonction de l'humérus avec l'omoplate, & celle du fémur avec l'os des îles, en sont des exemples.

La seconde permet seulement des mouvemens bornés à certains sens, comme ceux de flexion ou d'extension, ou ceux de demi-rotation & de tournoiement; on l'appelle charnière ou ginglyme; elle se remarque dans l'articulation de l'os du bras avec le cubitus, dans celle du fémur avec le tibia.

Il y a encore d'autres espèces d'articulations avec mouvement, qu'on connoît sous les noms de coulisse, pivot, & roue à une ou plusieurs facettes. La coulisse a lieu, lorsque deux os glissent l'un sur l'autre; la rotule se meut ainsi sur le fémur, de même que la circonférence de la tête du radius qui glisse dans la cavité correspondante du cubitus. Le mouvement de pivot est celui où un os tourne sur son axe. Le radius tourne de cette manière sur l'apophyse externe de l'extrémité inférieure de l'humérus, l'humérus. Le mouvement de roue a lieu, lorfqu'un os percé reçoit une éminence fur laquelle il tourne, ainfi qu'on le voit dans l'union de la première vertèbre cervicale avec la feconde.

On reconnoît les articulations à facette, lorfque les furfaces articulaires de certains os font très-fuperficielles, qu'elles agiffent les unes fur les autres; on a un exemple frappant de cette efpèce d'articulation, dans le rapport des apophyfes obliques de prefque toutes les vertèbres, & dans la plupart des facettes articulaires des os du carpe & du tarfe, &c.

Je pafferai fous filence les autres articulations qui ne me paroiffent d'aucune utilité à connoître par ceux qui fe livrent aux Arts.

Concluons feulement que la nature a établi dans les extrémités, tant fupérieures qu'inférieures, pour la fûreté & la facilité de nos mouvemens, un ordre tel, que l'articulation par charnière fe trouve entre deux articulations par genou, & que la terminaifon de l'union des phalanges entr'elles eft auffi réellement par charnière. Au moyen de cette difpofition, nous formons à volonté de nos extrémités un lévier continu, ou bien nous leur donnons la forme d'un lévier brifé.

De l'ufage & du méchanifme des Os.

Si nous réfléchiffons fur l'ufage & le méchanifme des os, après les avoir montés & démontés; fi nous examinons leurs fonctions, foit en général, foit en particulier, loin de regarder le fquelette comme une effrayante image, il nous paroîtra l'ouvrage le plus exact de la nature; rien, en effet, ne préfente plus de juftesse, plus d'harmonie, & plus de folidité, que les os du crâne. Ceux de la face font fi fermes & fi bien affemblés, que la géométrie ne démontre rien de plus régulier, que leurs proportions & leur rapport mutuel.

Confidérons la colonne vertébrale, offeufe, très-mobile, merveilleufement travaillée, fervant d'appui à tout l'édifice du corps humain, jouiffant de la plus grande foupleffe & de la plus grande légèreté, contenant la moëlle

épinière & fes enveloppes, donnant paffage à plus de trente paires de nerfs, & à un grand nombre de vaiffeaux.

Les organes les plus importans pour les fonctions vitales, font contenus dans la poitrine; cette capacité contribue, d'une manière particulière, aux mouvemens de la refpiration; elle facilite beaucoup l'action du cœur & celle des vaiffeaux.

Admirons la folidité & les juftes proportions qu'on remarque dans les os qui conftituent le baffin: il a pour ufage de renfermer une partie des organes de la digeftion, & ceux qui fervent à la génération, &c., &c.; ces derniers rendent, pour ainfi dire, l'homme immortel, en lui donnant la faculté de perpétuer fon exiftence.

Obfervons l'élégance, la force & l'agilité dont les extrémités fupérieures font douées, ainfi que les nombreufes variations de leurs mouvemens.

Si nous portons notre attention fur les extrémités inférieures, nous verrons qu'elles font, pour ainfi dire, des colonnes mobiles, qui, en fe prêtant mutuellement du fecours, foutiennent la maffe du corps, & le tranfportent avec plus ou moins de viteffe d'un lieu dans un autre, felon nos befoins ou notre volonté.

La ftructure intérieure des os n'eft pas non plus fans deffein; ainfi les grands os creux ont beaucoup de fubftance compacte dans leur milieu, afin qu'ils foient moins expofés à caffer ou à plier, foit dans les grands mouvemens, foit lorfqu'ils heurtent contre quelque corps; leur forme cylindrique, jointe à la folidité de leur fubftance, les rend plus forts, fans augmenter leur volume; ils peuvent ainfi foutenir un grand poids: la fubftance cellulaire leur donne plus d'étendue, fans les rendre plus pefans. La fubftance réticulaire foutient la moëlle en maffe, qui remplit la cavité des os creux; enfin les cavernes du tiffu fpongieux renferment le fuc médullaire ou la moëlle en grappe.

Nous pouvons comparer l'ufage des os à celui de la charpente d'un bâtiment, dont prefque toutes les parties feroient mobiles; ils

D

servent à loger & foutenir tous nos organes, donnant attache aux uns, protégeant les autres, & livrant paffage à d'autres; ils font unis entr'eux, & donnent au corps l'attitude qui lui convient.

On peut enfin affurer qu'ils maintiennent l'animal dans toutes fes fonctions, foit par leur conformation particulière, leurs émincnces & leurs cavités articulaires, foit par

leur propriété à faciliter les mouvemens, ou bien en coopérant à les affermir.

Finiffons par avouer qu'il femble que la nature ait pris plaifir à faire un chef-d'œuvre du corps humain; ce fujet, bien digne de l'attention de tout homme qui penfe, ne pourroit que perdre aux éloges; le filence exprime davantage : il eft fouvent l'effet de l'admiration.

DES OS EN PARTICULIER.

DE LA TÊTE EN GÉNÉRAL.

LA partie la plus élevée du fquelette, prife en totalité, eft un affemblage de plufieurs os, dont les uns repréfentent, par leur connexion, une boîte ovale, qui fert à renfermer le cerveau & fes dépendances, & qu'on nomme le crâne ou le cafque offeux; les autres font fitués à la partie antérieure de la tête, & forment la face.

La tête a la figure d'une efpèce de fphéroïde applati fur les côtés; on y diftingue facilement trois ovales, un antérieur, étendu de haut en bas, dont la groffe extrémité forme le front, & la pointe répond au menton; un fupérieur de devant en arrière, la pointe en devant, que l'on nomme le fommet de la tête, un inférieur qui a fa partie la plus large en arrière, & la plus étroite en avant, qui en forme la bafe; ces trois ovales font accompagnés de deux triangles fphériques fur les côtés, qu'on nomme tempes.

La figure & le volume de la tête varient dans les différens individus; les uns l'ont plus ronde & plus groffe, les autres l'ont plus petite & plus allongée; ceux-ci ont le front très-faillant, & les autres l'ont plus plat; la tête des enfans eft, proportion gardée, plus groffe que celle des adultes; la circonférence des os qui la compofent étant encore membraneufe, lui permet de prendre une forme allongée de de la partie fupérieure à l'inférieure, & de fe raccourcir de devant en arrière. La tête des femmes eft auffi généralement plus petite que celle des hommes.

La tête préfente encore des différences, fuivant les différens peuples; il en exifte chez qui elle eft applatie de devant en arrière, telle que celle des Caraïbes. La tête de l'Egyptien eft allongée vers le fommet; celle du Chinois eft prefqu'arrondie dans tous les fens, &c. Celles de l'Allemand, de l'Anglois, de l'Efpagnol & du François, ont auffi chacune leur figure particulière, qui offre une fuite d'études pour ceux qui fe livrent aux Arts d'imitation, & pour le Philofophe.

On remarque, à l'extérieur de la tête, plufieurs éminences, cavités & inégalités; nous les ferons connoître dans l'examen de chaque os en particulier.

La tête eft unie au tronc par le moyen des apophyfes condyloïdes de l'occipital, qui font reçues dans les cavités fupérieures de la première vertèbre du col.

La plupart des pièces qui compofent la tête, font unies enfemble par une engrénure plus ou moins profonde.

Du Crâne.

LE crâne eft une boîte offeufe, qui, dans ce qu'on nomme belle conformation, eft applatie fur les côtés, & allongée de devant en arrière, plus étroite antérieurement, plus large vers les régions moyennes & un peu poftérieures, & fort convexe du côté poftérieur.

Le crâne n'eft point d'une feule pièce; il eft formé de l'affemblage de huit os, qui font, le coronal, les deux pariétaux, l'occipital, les deux temporaux, l'ethmoïde, & le sphénoïde. Le coronal forme la partie antérieure du crâne, les deux pariétaux le sommet & les parties latérales supérieures, l'occipital la partie postérieure & une portion de la base, les os des tempes les parties latérales inférieures ; l'ethmoïde & le sphénoïde occupent la partie antérieure de la base & du milieu.

L'Os Coronal.

L'os coronal ou frontal est situé à la partie antérieure du crâne & supérieure de la face. On y voit deux faces, l'une externe convexe, l'autre interne concave & assez inégale.

Dans la partie moyenne de la face externe, on observe trois bosses, dont deux sont nommées coronales, & l'autre, un peu plus inférieure, est appellée nazale ; plus bas se trouvent quatre apophyses orbitaires, distinguées en externes & en internes, & deux arcades surcillières. On remarque aussi les deux bords supérieurs des orbites.

Comme les autres parties du coronal ne sont point apparentes, il est inutile d'en faire ici mention ; j'observerai cette règle dans la description de tous les autres os.

L'os coronal forme le front, une portion des tempes & la partie supérieure des orbites ; il contribue aussi à la formation du nez.

Les Os Pariétaux.

CES os sont placés à la partie moyenne, supérieure, latérale, & un peu postérieure du crâne ; leur figure est celle d'un carré irrégulier, un peu voûté ; ils sont légèrement convexes à l'extérieur & concaves intérieurement ; nous bornons nos remarques à celles d'une bosse & d'une empreinte demi-circulaire, qui se trouvent sur la face externe de chaque pariétal, & qui donnent attache au bord supérieur du muscle crotaphyte. Les pariétaux forment une partie des tempes.

L'Os Occipital.

CET os occupe la partie postérieure & inférieure du crâne : sa figure approche de celle d'un lozange irrégulier. On distingue dans cet os deux faces, une externe convexe, & une interne concave.

L'interne ne présente rien de remarquable, mais l'externe a plusieurs éminences, qui sont :

1°. La bosse ou la protubérance occipitale vers la partie moyenne.

2°. Un peu au-dessous, deux arcades transversales, l'une supérieure, l'autre inférieure, qui se prolongent vers l'apophyse mastoïde.

3°. Plusieurs inégalités, ou empreintes irrégulières, qui, de même que les arcades, donnent attache à différens muscles.

4°. Deux apophyses très-remarquables, situées obliquement aux parties latérales du grand trou occipital, nommées apophyses condyloïdes ; ces éminences sont reçues dans les cavités proportionnées de la première vertèbre du col ; elles servent aux mouvemens de flexion & d'extension de la tête.

L'occipital est le plus épais de tous les os du crâne ; il est matelassé dans sa région moyenne & postérieure, par beaucoup de muscles ; il forme la partie postérieure de la tête ; donne passage à la moëlle alongée, ainsi qu'à plusieurs vaisseaux, &c.

Les Os des Tempes ou les Temporaux.

LES os des tempes sont situés sur les parties latérales & inférieures du crâne ; leur figure est irrégulière ; chaque temporal a deux faces, & se divise en deux portions, une supérieure, nommée écailleuse, l'autre inférieure, appellée pierreuse ; cette dernière offre trois apophyses. La première est la temporale, qui s'unit avec l'os de la pommette, & produit, par cette union, l'arcade zigomatique ; la seconde est l'apophyse mastoïde, qui se prononce beaucoup derrière l'oreille ; la troisième se nomme articulaire ou transverse, & n'est point sensible extérieurement ; elle facilite les mouvemens de la mâchoire inférieure : je ne parlerai point des autres apophyses que l'on remarque à l'os temporal, parce qu'elles ne sont point apparentes.

On observe aussi à la face externe du temporal, l'orifice du conduit auditif externe, dont le rebord antérieur & inférieur est dentelé, pour s'unir avec la conque cartilagineuse de l'oreille, derrière la fossette glénoïde. Cette fossette sert à l'articulation de la mâchoire inférieure.

Les usages des temporaux sont de faire partie du crâne & de la face, de renfermer l'organe de l'ouïe, & de servir d'appui à la mâchoire inférieure, dans l'exercice de ses mouvemens.

L'Os Ethmoïde & l'Os Sphénoïde.

L'os ethmoïde & le sphénoïde sont les derniers os qui entrent dans la composition du crâne ; mais, comme ils sont presqu'en totalité cachés dans son centre, il est inutile de les décrire en particulier : j'observerai seulement que la face externe des grandes aîles du sphénoïde répond aux fosses temporales, & qu'elle en augmente la plus grande étendue.

Les Os de la Face.

La face est composée de deux mâchoires, l'une supérieure, l'autre inférieure : quinze os entrent dans la composition de la mâchoire supérieure, savoir, les os propres du nez, les os maxillaires, ceux de la pommette, les os unguis, les os du palais, les cornets inférieurs du nez, les cornets sphénoïdaux, & le vomer.

Les Os propres du Nez.

Ces deux os sont situés à la partie inférieure & moyenne du front, entre le coronal & les os maxillaires. Leur figure est celle d'un carré long, légèrement convexe en dehors, & un peu concave en dedans. Ils sont plus ou moins déprimés à leur milieu, selon les différens sujets : c'est d'eux que dépend en partie la forme extérieure du nez.

A l'extrémité inférieure de ces os, se remarquent des dentelures qui servent à fixer les cartilages du nez ; leurs usages sont de concourir à former la partie la plus saillante de la face, ainsi que la partie antérieure & supérieure du nez.

Les Os Maxillaires.

Les os maxillaires, placés à côté l'un de l'autre, à la partie antérieure & moyenne de la face, sont les plus considérables de tous ceux de la mâchoire supérieure ; leur figure est très-irrégulière. Chaque os maxillaire a plusieurs éminences saillantes extérieurement ; la première est une apophyse montante, appellée nazale, qui s'unit au coronal, & fait partie du nez. La seconde est dite orbitaire externe ; elle fait partie du bord inférieur de l'orbite. La troisième est la malaire qui se joint à l'os de la pommette. L'arcade alvéolaire fait la quatrième, & est garnie, dans presque toute son étendue, de seize cavités ou fosses, nommées alvéoles, qui reçoivent les dents. De plus, on voit, au-dessous de l'éminence qui forme le bord de l'orbite, une fosse, appellée canine.

Les os maxillaires sont joints entr'eux par devant, & constituent, par leur concours, la plus grande partie de la mâchoire supérieure ; ils servent à la mastication, & forment partie de la voûte du palais, du nez & des orbites.

Les Os de la Pommette.

Ces os occupent la partie moyenne de la face & les parties les plus saillantes des joues, latéralement & extérieurement ; ils sont presqu'à nud sous la peau, irrégulièrement carrés, & convexes extérieurement.

On y remarque quatre bords, deux supérieurs, qui sont fort allongés, & deux inférieurs, qui sont très-courts. On y distingue aussi quatre angles, dont le supérieur est appellé angulaire externe, parce qu'il s'unit avec celui du même nom, qui appartient au coronal ; l'angle inférieur se réunit avec l'interne, pour s'appliquer ensemble à l'apophyse malaire de l'os maxillaire ; l'angle externe porte le nom d'apophyse zigomatique, parce qu'il forme une arcade avec l'éminence de l'os temporal qui porte le même nom.

Les autres pièces osseuses qui entrent dans la composition de la mâchoire supérieure étant absolument invisibles extérieurement, nous avons cru inutile d'en donner la description.

La Mâchoire inférieure.

L'os maxillaire inférieur est le seul des os de la face qui soit mobile ; il ressemble par sa figure à un fer à cheval, ou plutôt à un arc dont les extrémités seroient courbées en haut. On le divise en corps & en branches ; il a deux faces, une externe convexe, l'autre interne concave ; toutes deux ont deux bords, le premier inférieur est appellé sa base ; le second supérieur ou alvéolaire, est percé de seize cavités ou fosses, nommées alvéoles, dans lesquelles les dents sont enchâssées ; la base de cet os est terminée de chaque côté par un angle situé inférieurement ; au milieu de la face externe de la mâchoire inférieure, s'observe une ligne un peu saillante, qui marque l'endroit de l'union des deux pièces qui composent la mâchoire dans les enfans ; cette ligne s'appelle la symphise du menton. Les branches ou portions postérieures sont courbées & applaties, & surmontées supérieurement de deux éminences, séparées par une échancrure tranchante en forme de croissant. L'éminence antérieure, appellée apophyse coronoïde, est plate & se termine en pointe ; l'éminence postérieure, nommée apophyse condyloïde, répond à l'apophyse transverse, & à la partie antérieure de la cavité glénoïde de l'os des tempes.

Au milieu de la face interne, se distinguent des lignes plus ou moins obliques, qui donnent attache à plusieurs muscles de la langue & de l'os hyoïde, &c. ; les usages de l'os de la mâchoire inférieure, sont de contribuer à la formation de la bouche, de donner attache aux puissances qui agissent dans la mastication, dans la prononciation, dans l'action du chant, &c. ; & de former la partie inférieure de la face.

Les Dents.

LES dents sont les os du squelette les plus durs, les plus blancs, & les seuls visibles, à mesure qu'ils sortent de leur cavité. Ils sont taillés en forme de coin irrégulier, & enclavés dans les alvéoles de l'une & l'autre mâchoire. On en trouve ordinairement trente-deux au dernier terme de l'accroissement, seize pour chaque mâchoire.

Les dents se divisent en incisives, en canines & en molaires. Il y a à chaque mâchoire quatre dents incisives, placées antérieurement, deux canines, une de chaque côté, & dix molaires, cinq d'un côté & cinq de l'autre.

Chaque dent présente, hors de l'alvéole, une partie apparente, que l'on nomme la couronne de la dent ; il y en a une autre cachée dans l'alvéole, que l'on nomme sa racine ; ces deux portions sont distinguées par une ligne circulaire, appellée le colet de la dent.

La forme des dents varie : les incisives, rangées sur une même ligne, sont légèrement convexes extérieurement, & ont un tranchant commun ; celles de la mâchoire supérieure sont plus larges que celles de l'inférieure, & dans celle-ci, les dents du milieu sont plus étroites que celles des côtés.

Les dents canines, qui reçoivent aussi le nom de dents œillères, ont leur corps plus arrondi, plus épais & plus solides que celui des incisives. Leur racine est aussi plus longue, plus grosse, plus pointue que celle des incisives ; leur corps se termine en une pointe mousse.

Enfin, les dents molaires ont leur corps presque carré, court, fort épais, terminé par une face large, garni de petites éminences & cavités, taillées en forme de diamant.

Ces dents ne sont pas toutes égales, les deux premières ont leur corps moins gros que les autres, & n'ont ordinairement que deux pointes. Les deux suivantes ont beaucoup plus de volume, & sont taillées à quatre & à cinq pointes ; la cinquième molaire, & que l'on appelle arrière-dent de sagesse, parce qu'elle paroît rarement avant l'âge de puberté, a sa couronne plus arrondie que les précédentes ; elle est un peu moins grosse & a moins de pointe.

On remarque un petit canal dans chaque racine des dents : ce canal est tapissé intérieurement d'une membrane, qui sert de gaîne aux vaisseaux & aux nerfs.

La dent est composée de deux sortes de substances, l'une intérieure, nommée corticale, l'autre extérieure, bien plus blanche, plus dure, approchant de la nature du verre ou de la porcelaine, que l'on appelle l'émail de la dent.

Les dents sont affermies dans leurs alvéoles par le tissu des gencives qui s'attache étroitement au colet de la dent; dans les jeunes personnes qui jouissent d'une bonne santé, les gencives sont fermes, & ont une couleur d'un rouge rose & reluisant, elles sont ordinairement molles & d'un rouge pâle chez les vieillards.

L'usage principal des dents est de servir à la mastication. Par les premières ou les incisives, les alimens sont coupés & tranchés; par les deuxièmes ou les canines, ils sont brisés; par les troisièmes ou les molaires, ils sont broyés & moulus.

Les dents servent encore à l'articulation des sons, sur-tout les incisives; elles font aussi l'ornement de la bouche.

L'Os Hyoïde.

CET os est situé dans l'intervalle des angles de la mâchoire inférieure, entre la racine de la langue & le cartilage tyroïde; il concourt à former, avec la partie saillante du larinx, une éminence vulgairement appelée la pomme d'Adam : sa figure ressemble à celle d'un arc.

On y considère un corps qui est concave en arrière & convexe en avant. Des parties latérales de cet os sortent deux portions osseuses, connues sous le nom de cornes, qui fixent des ligamens.

L'usage de cet os est de donner attache à divers muscles, sur-tout au plus grand nombre de ceux de la langue, ce qui l'a fait appeller par quelques-uns os lingual.

LE TRONC DU SQUELETTE.

LE tronc fait la seconde partie du squelette; on le divise en trois parties, l'une commune, nommée *épine*, & les deux autres propres, appellées *thorax* & *bassin*.

L'Epine du Dos.

L'ÉPINE représente une colonne osseuse de figure pyramidale, composée de plusieurs pièces; sa base est à l'os sacrum, & son sommet répond à l'occipital. Vingt-quatre vertèbres, l'os sacrum & le coccix entrent dans sa composition. Les vertèbres se divisent en sept cervicales, douze dorsales, & cinq lombaires.

En examinant avec attention l'épine, on observe qu'elle paroît presque droite à sa partie antérieure; & si on la considère du côté de ses parties latérales, on voit qu'elle a plusieurs courbures; elle se porte d'abord un peu antérieurement pour faire place aux muscles du col; ensuite postérieurement pour élargir la capacité de la poitrine; puis un peu en avant pour soutenir les viscères du bas-ventre, & faire place aux muscles des lombes; elle se porte encore une seconde fois en arrière pour augmenter l'étendue du bassin; vers la région du coccix, elle se porte en avant.

Des Vertèbres en général.

ON remarque dans chaque vertèbre en général, un corps, sept apophyses, quatre échancrures, & un trou. Les apophyses sont distinguées en une épineuse, placée postérieurement, deux transverses, situées sur les côtés, & quatre obliques ou articulaires, placées aussi latéralement, que l'on divise en supérieures & en inférieures.

Des échancrures, deux sont supérieures & deux inférieures. Ces échancrures, par leur rencontre avec celles des vertèbres voisines, forment, sur les parties latérales de l'épine, des trous de conjugaisons qui communiquent dans le canal épineux, &c.

Les Vertèbres Cervicales.

LA première vertèbre cervicale, nommée *atlas*, représente une espèce d'anneau osseux fort inégal; son ouverture est beaucoup plus grande que celle des autres, tant pour laisser passer la moëlle de l'épine, que pour recevoir l'apophyfe odontoïde de la feconde vertèbre. On y remarque quatre apophyfes obliques; les deux fupérieures font oblongues, plus étendues & plus creufes que les autres, & proportionnées à la convexité des condyles de l'occipital. Du rapport des condyles de cet os avec la première vertèbre cervicale, réfulte la facilité des mouvemens de flexion & d'extenfion de la tête; les apophyfes obliques inférieures font placées directement fous les fupérieures, elles font plus applaties & plus larges, & inclinées obliquement de dedans en dehors, & de haut en bas, pour s'adapter aux apophyfes articulaires fupérieures de la feconde vertèbre.

Les apophyfes tranfverfes font plus longues & plus larges vers leur bafe, que celles des autres vertèbres cervicales.

La deuxième vertèbre cervicale, nommée axis, eft remarquable par fon apophyfe odontoïde qui fe trouve fur la partie fupérieure de fon corps, & qui eft une éminence inférieure en forme de pivot, fur laquelle la première vertèbre, conjointement avec la tête, peut tracer des mouvemens demi-circulaires, à droite & à gauche.

Les autres vertèbres cervicales n'ont rien de particulier pour notre objet, excepté la feptième qui diffère des autres, en ce qu'elle eft plus groffe; fa face inférieure eft très-peu convexe, & prefque plate; fon apophyfe épineufe eft plus longue & redreffée; elle n'eft pas fourchue, &'fes apophyfes tranfverfes font auffi plus longues; elles ont des ufages communs avec les vertèbres du dos & des lombes en général.

Les Vertèbres Dorfales.

LES vertèbres dorfales font au nombre de douze, rarement de onze ou treize. Leur corps va en groffiffant de haut en bas, fur-tout depuis la troifième ou quatrième, jufqu'à la dernière. Leurs apophyfes épineufes font longues, tranchantes extérieurement, & terminées en pointe; elles font inclinées & couchées les unes fur les autres, excepté les trois ou quatre premières, qui font plus droites & plus courtes à mefure

qu'elles approchent du col; les trois dernières fe redreffent auffi par degré; en defcendant elles deviennent plus larges & moins longues.

Les apophyfes tranfverfes fe portent plus en arrière que celles des vertèbres cervicales & lombaires; leur longueur va en diminuant, depuis la première jufqu'à la douzième, qui les a très-courtes; leurs extrémités font terminées en manière de tête, & leur milieu eft rétréci, & forme une efpèce de col. On voit, vers leurs extrémités, du côté antérieur, une petite facette cartilagineufe & fuperficielle pour leur articulation avec les côtes. L'apophyfe tranfverfe de la onzième & de la douzième n'ont point cette facette.

Le corps des vertèbres dorfales préfente auffi quatre petites demi-facettes cartilagineufes, deux de chaque côté pour recevoir les condyles des côtes, excepté la première & les deux dernières vertèbres, qui ont une facette entière.

Les Vertèbres Lombaires.

CE qui diftingue les vertèbres lombaires des autres, c'eft leur épaiffeur & leur largeur. Leurs apophyfes épineufes font plus larges verticalement & plus droites; elles laiffent plus d'efpace entr'elles; leurs apophyfes tranfverfes font plus longues, plus minces & plus éloignées l'une de l'autre, que celles des dorfales; leur longueur augmente depuis la première jufqu'à la troifième, & diminue enfuite jufqu'à la dernière; elles font unies entr'elles, comme toutes les autres vertèbres, par des apophyfes articulaires, qui font entières.

L'Os Sacrum & le Coccix.

L'os facrum eft fitué au bas de l'épine; fa partie fupérieure, qui eft la plus large & la plus épaiffe, fert de bafe à la colonne vertébrale; fa partie inférieure, qui fe termine en pointe, s'unit avec le coccix.

Cet os a deux faces: l'externe laiffe faillir plufieurs apophyfes épineufes, & a un canal qui eft la continuation de celui de l'épine; l'os facrum s'unit avec les os des hanches pour former le baffin.

Le coccix est un petit os, situé à l'extrémité de l'os sacrum; il est formé de deux ou trois pièces. Ses usages sont aussi de concourir à la composition de l'épine & à celle du bassin, &c.

Les pièces qui composent l'épine, sont non-seulement taillées de façon à pouvoir se soutenir les unes sur les autres, tant par le rapport respectif de leurs surfaces, que par leurs apophyses articulaires; mais encore affermies dans leurs articulations, & unies fortement par des cartilages & des ligamens; les cartilages sont placés entre les surfaces du corps des vertèbres, dont ils recouvrent la circonférence. Ils sont nommés inter-vertébraux; leur épaisseur varie beaucoup; ils sont moins épais aux vertèbres du col, encore moins à celles du dos, mais ils le sont beaucoup plus à celles des lombes; ils sont composés de plusieurs cerceaux concentriques très-minces, qui s'amincissent en approchant du centre; ces fibres dégénèrent, vers le milieu, en une substance molle & pulpeuse.

La structure de ces cartilages les rend souples & élastiques; aussi cèdent-ils facilement aux différentes inflexions de l'épine, en revenant dans leur premier état, dès que l'inflexion cesse; c'est de cette double propriété qu'on peut tirer l'explication de ce phénomène journalier, que l'homme est plus petit en se mettant au lit qu'en se levant. Enfin les vertèbres sont non-seulement, pour ainsi dire, soudées par ces cartilages, mais encore unies, fortifiées & affermies par plusieurs ligamens, dont les uns sont extérieurs & les autres intérieurs.

La colonne vertébrale, par sa situation, sert comme de centre & de point de réunion à toutes les parties du corps; elle jouit de la plus grande flexibilité par la multiplicité des pièces osseuses qui la composent, aussi bien que par le secours de ses cartilages souples & élastiques, & par les ligamens & les muscles qui s'y attachent.

Elle est ferme & solide au moyen des justes proportions des apophyses articulaires, qui se soutiennent réciproquement, & qui permettent en même-temps les petites inflexions nécessaires pour ses différens mouvemens; son action est bornée par la position des apophyses épineuses & transverses; sa légèreté lui est conservée par sa substance spongieuse; on voit aussi qu'elle est soutenue sur l'os sacrum, qui est fortement enclavé & affermi par les os des hanches; sa courbure en arrière donne plus d'étendue au bassin; le coccix qui la termine, sert à soutenir le rectum & l'anus.

D'après l'esquisse que je viens de tracer de la situation, de la division de l'épine vertébrale, des différentes pièces qui la composent, de sa structure, de ses moyens d'union, de sa flexibilité, de sa solidité & de sa légèreté, il faut convenir que le jeu de cette colonne osseuse, présente, par son rapport avec les parties molles, les études les plus difficiles à saisir, à cause de la variété infinie de ses mouvemens: en effet, suivant leurs dispositions, ils font faillir ou rentrer les éminences, lesquelles quoiqu'alors cachées par beaucoup de parties molles, ont encore, pour l'œil, un effet réel; d'ailleurs, comme l'épine du dos soutient la tête & les os de l'épaule, qu'elle forme la partie postérieure de la poitrine, qu'elle tient au bassin, il faut connoître tout le systême du tronc pour bien suivre ses formes. L'application de cette étude se fera mieux sentir dans les leçons sur le modèle vivant; je ne puis le rendre ici que dans ce qui a rapport au squelette & à l'ensemble de ses muscles.

LE THORAX.

Le thorax ou la poitrine, est la première capacité du tronc; elle est composée d'une partie antérieure, nommée sternum, de plusieurs pièces latérales, appellées côtes, lesquelles, avec les douze vertèbres dorsales & les deux clavicules, forment l'enceinte osseuse de la poitrine; sa figure approche de celle d'un cône applati de devant en arrière, dont la base ou la partie la plus large est en bas, & le sommet ou la partie la plus étroite est en haut. Cette figure varie beaucoup dans les hommes & dans les animaux. On observe que les uns ont la poitrine plus large & élevée, tandis que les autres l'ont étroite & applatie; il y en a

aussi

aussi qui l'ont plus courte, & d'autres qui l'ont plus alongée, &c.

Le Sternum.

CET os est situé à la partie antérieure de la poitrine. Sa face externe est légèrement convexe, sur-tout dans la femme, ce qui rend chez ce sexe le milieu de la poitrine élevé & plus arrondi. Dans la région moyenne de sa partie supérieure, est une grande échancrure, nommée la fourchette, sur les parties latérales de laquelle sont deux fortes dépressions obliques, assez grandes pour recevoir les extrémités internes des clavicules.

Les bords, tant à droite qu'à gauche, ont des petites cavités articulaires, au nombre de sept, destinées à recevoir les cartilages des vraies côtes. A la partie inférieure du sternum, se voit une appendice cartilagineuse, nommée xiphoïde ou ensiforme.

L'utilité du sternum est de soutenir les clavicules, de servir d'appui aux cartilages des vraies côtes, de donner attache à beaucoup de parties charnues, de coopérer à la formation de la poitrine, &c.

Les Côtes.

CHAQUE côte présente un corps & deux extrémités, dont l'une est antérieure, & l'autre postérieure ; l'extrémité antérieure de chaque côte est terminée par une petite cavité pour recevoir sa portion cartilagineuse ; l'extrémité postérieure finit par une éminence arrondie, que l'on nomme tête ou condyle, séparée par une espèce d'angle, pour s'articuler avec les facettes correspondantes des vertèbres, excepté la première, la onzième & la douzième, qui n'ont qu'une facette, parce qu'elles ne s'articulent qu'avec une vertèbre. Le corps de chaque côte offre deux faces, une externe, l'autre interne, deux bords, distingués en supérieur & en inférieur.

La longueur & la courbure des côtes varient ; la première côte est très-courte en comparaison de la seconde ; celle-ci l'est moins eu égard à la troisième, & celles qui suivent augmentent successivement en longueur jusqu'à la neuvième ou à la seconde des fausses-côtes ; les premières ont aussi plus de courbure que les suivantes, & ainsi de suite jusqu'aux dernières. On remarque encore, dans leur courbure, une contorsion qui augmente en descendant jusqu'à la troisième des fausses. Les cartilages des vraies côtes ont deux petites facettes à leur extrémité interne, pour s'articuler avec le sternum, excepté la première, qui se symphyse avec le sternum. Les cartilages des trois ou quatre premières vraies côtes suivent à-peu-près la même direction que leur portion osseuse : ceux des autres se portent de bas en haut, vers le sternum ; les cartilages des fausses-côtes ont aussi la même direction, & se terminent en pointe ; les trois premiers se suivent & s'attachent l'un à l'autre ; les deux derniers sont flottans, & ne sont liés que par des muscles & des ligamens.

Usage du Thorax.

LES usages du thorax sont de former une espèce de voûte ou de berceau, composé de plusieurs léviers osseux & cartilagineux, dont la solidité met les viscères, qui y sont renfermés, à l'abri des agens extérieurs, & dont la mobilité détermine le jeu des poumons. Cette espèce de berceau s'élève & s'agrandit dans tous les sens, s'affaisse & se rétrécit dans certains mouvemens de la respiration. L'obliquité des côtes paroît être l'unique cause qui en augmente & en diminue les dimensions : par cette obliquité, elles ne peuvent se mouvoir de bas en haut, sans souffrir une torsion plus ou moins grande. Si les côtes eussent été entièrement osseuses, elles se seroient souvent rompues, au lieu que les cartilages qui en font partie, & qui sont très-élastiques, les mettent à l'abri de cet accident ; ils ont encore pour usage, de remettre la poitrine dans son état naturel, lorsque les muscles inspirateurs cessent d'agir, & ils déterminent l'expiration. Il est à remarquer que ce mouvement n'est pas dû au ressort seul des cartilages des côtes, puisque les muscles du bas-ventre y contribuent aussi.

LES OS DU BASSIN.

LE bassin est la troisième partie du tronc ; c'est une grande cavité, partagée en deux parties, par une ligne de figure à-peu-près circulaire, appellée détroit supérieur du baffin. De ces deux cavités, celle qui eft fupérieure, eft en même-temps la plus grande & la plus évafée, auffi conferve-t-elle le nom de baffin fupérieur, pour la diftinguer de l'inférieure, appellée petit baffin.

Le baffin eft compofé de deux grands os, dits os des hanches ou os innominés, du facrum & du coccix.

Chaque os innominé eft formé, chez les jeunes fujets, de trois pièces, connues fous le nom d'iléon, ifchion & pubis; ces trois os font fi bien unis dans l'adulte, qu'il eft impoffible de les féparer.

L'Os des îles.

L'os des îles occupe la partie fupérieure du baffin; il a deux faces, une externe convexe, une interne concave. Sa partie fupérieure, qui eft fort épaiffe, a une crête, dont les bords, appellés lèvres, diftinguées en interne & en externe, reçoivent l'attache de plufieurs mufcles. Sa partie antérieure, de même que la poftérieure, font garnies de deux éminences, nommées épines, qui fervent à donner attache à des mufcles & à des ligamens. On voit, dans fa partie inférieure, une échancrure, laquelle forme une portion de la cavité cotyloïde, qui reçoit la tête du fémur.

L'Os Ifchion.

LA feconde pièce de l'os innominé, eft l'ifchion, fitué à la partie poftérieure & inférieure du baffin. On le divife en corps & en branches. Son corps a deux apophyfes, la première s'appelle épine, la feconde tubérofité, qui eft épaiffe & inégale, & fert d'appui quand on eft affis: on y remarque nombre d'empreintes mufculaires.

Le corps de l'ifchion fait la plus grande partie & la plus inférieure de la cavité cotyloïde: c'eft une efpèce d'apophyfe plate & mince, qui fe porte obliquement en montant vers l'os pubis, avec la branche inférieure duquel elle eft jointe. Cette branche a une grande échancrure, qui conftitue la plus grande portion du trou ovalaire, &c.

L'Os pubis.

L'os pubis eft la troifième & la plus petite portion des os innominés; il forme, avec celui du côté oppofé, la partie antérieure de l'enceinte du baffin. Cet os fe divife auffi en corps & en branches. Sa branche fupérieure eft horizontale & creufée à fon extrémité, la plus épaiffe & la plus extérieure, pour concourir à la formation de la cavité cotyloïde, & pour s'unir dans cet endroit aux deux autres os voifins; fa branche inférieure eft perpendiculaire, applatie, & s'unit très-intimement à celle de l'ifchion.

Le corps de l'os pubis eft triangulaire, de forte que l'on y diftingue aifément trois faces & trois angles. Le plus remarquable, eft l'antérieur, qui fe termine, vers la partie ronde de l'os, par une éminence affez élevée, qu'on nomme l'épine du pubis: ces os, par leur union, au moyen d'un cartilage, forment, à la partie antérieure du baffin, ce qu'on appelle la fymphife du pubis.

Il eft à obferver que les épines des os pubis font très aigües chez la femme, ce qui contribue à la forme très-angulaire de ces os fupérieurs, & à leur écartement plus confidérable inférieurement: tandis que chez l'homme, ces épines étant beaucoup plus menues & plus carrées, l'angle eft moins ouvert.

Ufages des Os du Baffin.

LES os innominés ou des hanches, conjointement avec l'os facrum & le coccix, fervent, non-feulement à terminer le tronc du fquelette, mais à former fa bafe: leur enfemble, qui eft le centre de tous les mouvemens, lorfqu'on eft, ou affis, ou debout, fert encore de foutien aux extrémités inférieures, donne attache à un très-grand nombre de mufcles, loge plufieurs vifcères, & laiffe paffer de gros vaiffeaux.

DES EXTRÉMITÉS.

LES extrémités du fquelette font au nombre de quatre, divifées en deux fupérieures & deux inférieures, & diftingués en droites & en gauches.

LES EXTRÉMITÉS SUPÉRIEURES.

On divife chaque extrémité fupérieure en épaule, en bras, en avant-bras, & en main.

Deux os entrent dans la compofition de l'épaule, favoir la clavicule & l'omoplate.

La Clavicule.

LA clavicule eft un os très-apparent fous la peau, fitué à la partie fupérieure & antérieure de la poitrine, placé tranfverfalement & un peu obliquement, depuis l'acromion jufqu'au fternum. Sa figure approche de celle d'une *S* italique. La courbure interne a fa convexité en devant, & la courbure externe l'a en arrière ; ces courbures font plus confidérables dans l'homme que dans la femme; elles font faillie furtout chez les hommes forts, qui font un grand exercice des extrémités fupérieures. Elles font moindres dans les enfans, & fingulièrement prononcées dans les perfonnes maigres.

La longueur ordinaire de la clavicule, dans un adulte, eft d'environ fix pouces.

Cet os a un corps & deux extrémités; fon corps fe trouve irrégulièrement arrondi ; il a quatre faces, diftinguées en fupérieure, inférieure, antérieure & poftérieure : des extrémités, l'interne fort épaiffe, nommée fternale, fe termine par une face triangulaire, dont l'angle inférieur eft reçu dans la cavité fupérieure du fternum; les autres angles font fort élevés, débordent de beaucoup la cavité fternale, qui, conjointement avec la partie fupérieure du fternum, fert d'attache à des ligamens & à plufieurs mufcles.

L'extrémité externe de la clavicule, dite humérale, eft mince & applatie; on y remarque deux bords, l'un antérieur, l'autre poftérieur, une facette & une petite facette, par laquelle elle s'articule avec l'acromion.

Les ufages de la clavicule font de fervir d'appui à l'omoplate, dont elle borne les mouvemens en devant, en arrière & en haut,

n'ayant elle-même que la liberté de gliffer haut & bas, & de devant en arrière (1).

L'Omoplate.

CET os eft large, mince, de figure triangulaire, fitué à la partie fupérieure, latérale & poftérieure de la poitrine. L'omoplate s'étend à-peu-près depuis la première côte jufqu'à la feptième des vraies; elle a deux faces, une poftérieure, externe & convexe, & l'autre antérieure, interne & un peu concave. Cet os a trois bords, le poftérieur s'appelle fa bafe, l'antérieur fe nomme fa côte ; le fupérieur eft le plus court des trois ; il a une forme triangulaire ; de fes angles, l'antérieur fe termine par une cavité appellée glénoïde, qui fert d'appui à la tête de l'humérus; les deux poftérieurs font diftingués en fupérieur & en inférieur. On voit fur la face externe de l'omoplate, deux foffes, féparées par une épine; l'une fe nomme fous-épineufe, & l'autre fur-épineufe. Cette épine traverfe obliquement de derrière en devant la partie fupérieure de cet os, & fe termine par une apophyfe, nommée acromion, dont le bord interne préfente une facette creufe, qui reçoit l'extrémité humérale de la clavicule ; on obferve encore une autre apophyfe, nommée coracoïde, qui, ainfi que l'acromion, eft très-apparente.

Les ufages de l'omoplate font de former la majeure partie de l'épaule, de fervir d'appui à la tête de l'humérus, de faciliter fes mouvemens, en conftituant la parfaite articulation par genou ; de permettre les mouvemens les plus complets par l'action de fes mufcles, & enfin de garantir plufieurs vaiffeaux.

L'Os du Bras ou l'Humérus.

UN feul os entre dans la compofition du bras; il eft nommé humérus. Sa longueur ordi-

---

(1) L'Anatomie comparée démontre que prefque tous les animaux, à l'exception de l'homme, du finge, de l'écureuil, de la taupe, de la fouris, de quelques-uns encore, n'ont point de clavicule, & ne peuvent, par cette raifon, faire des mouvemens auffi étendus dans tous les fens poffibles.

naire, dans l'adulte, d'une belle conformation, eſt d'un pied-de-roi. Sa figure approche de celle d'une colonne légèrement torſe.

Cet os ſe diviſe en un corps & deux extrémités. Le corps a trois faces, que l'on diſtingue en interne, en externe, & en poſtérieure.

L'extrémité ſupérieure de cet os eſt garnie d'une groſſe tête, qui ne forme cependant qu'un demi-globe, incruſté d'un cartilage très-liſſe & très-poli; cette tête eſt reçue dans la cavité glénoïde de l'omoplate; il en réſulte une articulation qui permet toutes ſortes de mouvemens. Au bas de la tête de l'humérus, on remarque une eſpèce de col & deux tubéroſités, dont la plus conſidérable a trois facettes, qui ſervent d'attache à des muſcles du bras. L'autre tubéroſité n'a qu'une facette, qui ſert d'inſertion à un ſeul muſcle. Entre les deux éminences, eſt une ſinuoſité bordée par deux lignes ſaillantes, qui ne ſont qu'un prolongement des deux tubéroſités, avec cette différence, que l'externe deſcend plus bas que l'interne: ces prolongemens ſont des empreintes tendineuſes très-fortes.

L'extrémité inférieure offre pluſieurs apophyſes & cavités articulaires. On a donné le nom de condyles aux deux apophyſes placées ſur les parties latérales de cette extrémité; elles ſont diſtinguées en interne & en externe. La première eſt beaucoup plus conſidérable que la ſeconde. Ces éminences ſont très-utiles pour l'attache de quantité de muſcles de l'avant-bras & de la main: pluſieurs ligamens y ont auſſi leur inſertion. Les autres apophyſes ſont articulaires & couvertes d'un cartilage aſſez liſſe. La plus ronde de ces éminences répond au radius. Celles qui ſont taillées en forme de poulie, répondent au cubitus. Entre ces apophyſes, on voit des cavités articulaires en forme de couliſſes; elles ſont également incruſtées de cartilages liſſes & polis.

Les uſages de l'humérus ſont de ſervir d'appui aux os de l'avant-bras, de ſoutenir & de garantir pluſieurs vaiſſeaux, de donner inſertion à nombre de puiſſances muſculaires, qui le meuvent comme un levier en différens ſens, & ſuivant les diverſes actions excitées par la volonté.

L'Avant-Bras.

DEUX os longs, nommés l'un cubitus ou os du coude, & l'autre radius ou os du rayon, entrent dans la compoſition de l'avant-bras; ces os ſont ſitués preſque parallèlement l'un à l'autre, enſorte que le radius eſt placé en devant, & le cubitus en arrière. Il eſt à remarquer que l'os du coude eſt plus gros à ſa partie ſupérieure qu'à ſa partie inférieure, & qu'il eſt un peu plus long que l'os du rayon, au lieu que ce dernier eſt plus gros inférieurement que ſupérieurement.

L'Os du Coude ou le Cubitus.

L'os du coude ou cubitus, a une figure priſmatique & triangulaire; il eſt long & diminue d'épaiſſeur de haut en bas. On le diviſe en extrémité ſupérieure, en partie moyenne, & en extrémité inférieure. L'extrémité ſupérieure eſt la plus groſſe: elle préſente deux éminences ou apophyſes principales, une en arrière, qui touche la peau, & forme la partie la plus ſaillante du coude; elle eſt nommée olécrane; l'autre en devant, qui eſt très-enfoncée, eſt appellée coronoïde; celle-ci eſt ſéparée de l'autre par une cavité articulaire, connue ſous le nom de grande cavité ſygmoïde, pour la diſtinguer de celle que l'on nomme petite cavité ſygmoïde; la plus grande de ces cavités, ou celle qui eſt ſituée entre l'olécrane & l'apophyſe coronoïde, eſt revêtue d'un cartilage, & partagée en deux demi-faces obliques, par une ligne ſaillante, qui ſe porte, du commencement de l'une de ces deux éminences, au ſommet de l'autre. Cette cavité eſt diſpoſée de manière à s'adapter parfaitement à la poulie de l'extrémité inférieure de l'humérus, ſur laquelle elle roule obliquement dans les mouvemens de flexion & d'extenſion.

La petite cavité ſygmoïde ou ſemi-lunaire, eſt ſituée ſur le côté externe de l'éminence coronoïde: elle paroît être une continuation de la grande cavité ſemi-lunaire; elle eſt auſſi revêtue d'un cartilage; elle reçoit le bord de la tête du radius. Le contour de ces deux cavités eſt inégal & raboteux, pour donner attache au ligament capfulaire de l'articulation. La partie moyenne du cubitus préfente trois faces & trois angles ; des trois faces, l'interne & l'externe font plates, affez larges, fur-tout l'externe, & féparées par un rebord ou angle très-faillant, qui regarde l'os du rayon, & qui donne attache à un ligament fitué entre les deux os de l'avant-bras, appellé ligament inter-offeux. Sa face poftérieure, qui répond à la convexité de l'olé-crane, eft cylindrique & affez étroite. L'extrémité inférieure du cubitus eft légèrement recourbée du côté du radius, & garnie d'une apophyfe, appellée ftyloïde, & d'une autre éminence demi-orbiculaire, qui eft reçue par le radius ; on apperçoit encore une finuofité & une cavité articulaire qui répond aux os du carpe.

Le Radius.

LE radius eft, comme nous l'avons dit, fitué au-devant & vis-à-vis le cubitus. On y voit, dans toute fa longueur, trois faces & une crête.

Sa partie fupérieure fe termine par une cavité glénoïde, dont les bords arrondis forment une protubérance annulaire, reçue en partie par le cubitus. Sous cette éminence, s'obferve un col rond, étroit & un peu oblique, qui fe termine à une tubérofité, pour l'attache inférieure du biceps. On voit fur toutes ces faces, que le corps du radius eft convexe dans fa partie moyenne & antérieure, légèrement concave vers la face interne, & applati à l'externe. Ces trois faces font féparées par trois angles, un externe, un interne, & un troifième poftérieur, plus tranchant, qui forme une efpèce de crête pour l'attache du ligament inter-offeux.

L'extrémité inférieure du radius, plus large que la fupérieure, eft applatie, furmontée d'une affez grande apophyfe, appellée ftyloïde, & de trois ou quatre goutrières longitudinales, pour le paffage des tendons de différens mufcles. Cet os eft terminé par deux cavités, l'une, qui eft inférieure, oblongue & triangulaire : c'eft la cavité glénoïde qui reçoit la première rangée des os du carpe ; l'autre, qui eft poftérieure, fémi-lunaire, qui reçoit le bord de l'extrémité inférieure du cubitus.

Connexion & ufages des Os de l'Avant-Bras.

LE cubitus & le radius font unis,
1°. Entr'eux.
2°. Avec l'humérus.
3°. Avec les os du carpe.

Ils font unis entr'eux par leurs extrémités, puifque la tête du radius eft reçue dans la petite cavité fémi-lunaire du cubitus, & la petite tête de celui-ci dans l'échancrure de la bafe du radius : au moyen de cette double articulation, ces deux os peuvent fe mouvoir l'un fur l'autre, mais différemment.

Il eft, par exemple, démontré que le premier mouvement par lequel la tête du radius roule, comme fur fon axe, fur la petite tête de l'humérus, & fur la petite cavité fémi-lunaire du cubitus, eft une efpèce de mouvement par pivot ou de fémi-rotation ; tandis que le fecond mouvement, qui a lieu lorfque ces deux os paroiffent prefque fe croifer, & qui eft une fuite de la dépreffion demi-circulaire de fa bafe, autour de la petite tête de l'os du coude, eft un mouvement demi-circulaire. Ces deux mouvemens font diftingués, l'un de l'autre, par les noms de pronation & de fupination.

La forme de l'avant-bras étant très-différente, lorfque l'un ou l'autre mouvement eft exécuté, il eft néceffaire d'en donner l'explication.

Le mouvement de pronation eft celui par lequel le radius eft croifé fur le cubitus, & alors la paume de la main eft tournée vers la terre : celui de fupination a lieu lorfque ces deux os font parallèles l'un à l'autre, & alors la paume de la main regarde le ciel.

L'articulation des os de l'avant-bras avec le bras, permet un mouvement angulaire ou par charnière : celle des os de l'avant-bras avec la partie fupérieure du carpe, forme une articulation orbiculaire.

Ces os ont pour ufage de donner attache aux mufcles de l'avant-bras, à ceux du poignet, & à un grand nombre de ceux qui meuvent les doigts ; ils protègent tous les vaiffeaux qui vont fe diftribuer à la main.

Des Os de la Main.

LA dernière partie de l'extrémité supérieure est la main; elle comprend les os du carpe ou du poignet, ceux du métacarpe & des doigts; on la divise en deux faces, deux bords & deux extrémités. Des deux faces, l'une est externe & légèrement convexe, l'autre est interne & un peu concave : des deux bords, l'un est antérieur, regarde le pouce, & est appellé bord radial; l'autre postérieur, regarde le petit doigt, & est appellé bord cubital : enfin, l'extrémité supérieure de la main regarde l'avant-bras, & l'extrémité inférieure est isolée.

On divise la main en carpe ou poignet, en métacarpe & en doigts.

Le carpe est formé de l'assemblage de huit os, disposés en deux rangées, qui, par leur union, forment une concavité en dedans, & une légère convexité en dehors.

Le premier, de la première rangée, est nommé le scaphoïde ou le naviculaire; le second, l'os lunaire; le troisième, os cunéiforme; le quatrième, qui est hors de rang, os pisiforme ou lenticulaire.

Le premier, de la deuxième rangée, est celui qui soutient le pouce, il a été nommé trapèze; le deuxième, trapézoïde ou pyramidal; le troisième, le grand os; & le quatrième, l'os crochu ou unciforme.

Le métacarpe est composé de quatre os, placés sur la même ligne; ils ont chacun la figure d'une petite colonne légèrement convexe en dehors, & concave en dedans. Ils diffèrent entr'eux par leur longueur & leur grosseur.

Les parties supérieures de ces os sont jointes avec la seconde rangée du carpe, & leurs extrémités inférieures sont articulées avec les premières phalanges des quatre derniers doigts.

Les Doigts de la Main.

LA main est terminée par les doigts; ils sont au nombre de cinq, divisés chacun en trois pièces, appellées phalanges, distinguées en première, seconde & troisième. Le premier des doigts est le pouce. Il peut, par sa situation & la structure de son articulation, exercer toutes sortes de mouvemens, & principalement ceux de flexion, diamétralement opposés aux mouvemens directs des quatre premiers doigts. Le pouce fait partie de la main; il réunit en lui le double avantage des deux espèces d'articulations par genou & par charnière.

Les quatre derniers doigts sont placés sur la même ligne; le premier est l'index, le médius est le second, l'annulaire le troisième, & l'auriculaire est le dernier.

Les premières phalanges sont plus longues & plus volumineuses que les secondes, celles-ci, à leur tour, sont plus considérables que les troisièmes.

La main, revêtue de toutes les autres parties qui la composent, & considérée vivante, est l'organe immédiat du toucher; elle exécute différens mouvemens; elle emploie diverses forces combinées; la touche déliée & mobile des doigts la met à portée de saisir les corps les plus petits, & de les serrer avec fermeté; l'agilité de ces précieux organes est si grande, si variée & si subite, qu'il est bien difficile de comprendre la cause physique de la vîtesse & de la diversité infinie de leurs mouvemens, ainsi qu'on en a la preuve dans l'exercice des instrumens, soit à corde, soit à vent, &c.

La main sert de défense contre les agens destructifs; elle est très-utile pour saisir les choses nécessaires à la vie; elle rend à l'homme d'autant plus de services, qu'il est plus industrieux en exécutant avec elle ce que crée son esprit; elle favorise la distribution des vaisseaux, & contient beaucoup de parties nerveuses, charnues, tendineuses & ligamenteuses.

DES EXTRÉMITÉS INFÉRIEURES.

LES extrémités inférieures sont au nombre de deux, situées sur les parties latérales & inférieures du tronc qu'elles soutiennent; elles sont distinguées en droite & en gauche; chacune est divisée en cuisse, rotule, jambe & pied,

L'Os de la Cuisse ou le Fémur.

La cuisse n'a qu'un seul os, nommé fémur, dont la figure est celle d'une colonne un peu courbée en avant, & légèrement concave en arrière. Sa longueur, dans un sujet ordinaire, est d'environ quatorze pouces. L'extrémité supérieure de cet os présente quatre éminences. La première, qui est reçue dans la cavité des os des îles, est la tête; la seconde, est le col; & les deux autres sont le grand & le petit trocanter; il existe deux cavités à l'extrémité supérieure du fémur, l'une au milieu de la tête, & l'autre derrière le grand trocanter.

Cet os a trois faces & une crête dans sa partie postérieure, qui donne attache à plusieurs muscles. Son extrémité inférieure se termine d'abord par deux grosses apophyses, nommées condyles, distinguées en interne & en externe, puis par deux autres éminences, situées antérieurement, entre lesquelles existe une échancrure en forme de coulisse, qui répond à la rotule; sur les parties latérales, au-dessus des condyles, se trouvent deux éminences, nommées tubérosités.

Les usages du fémur sont de composer une grande partie de l'extrémité inférieure, de concourir à la formation du genou, de servir d'appui à la jambe dans certains mouvemens, & de soutenir, conjointement avec elle, le pied & le poids du corps; il sert aussi à donner attache aux muscles de la cuisse & à ceux de la jambe.

La Rotule.

La rotule est un os presque rond, & légèrement applati, situé à la partie antérieure & inférieure du fémur, & adhérent à la peau, ayant à-peu-près un pouce de longueur, sur autant de largeur, plus épais dans son milieu que sur ses bords.

On y considère principalement sa base ou extrémité supérieure, & sa pointe ou extrémité inférieure, & deux faces, l'une antérieure convexe, & l'autre postérieure, légèrement concave & cartilagineuse. L'extrémité supérieure de la rotule est un peu enfoncée, &

sert d'attache à des tendons aponévrotiques; son extrémité inférieure présente une pointe, à laquelle se fixe un fort ligament; sa face convexe ou externe est inégale & raboteuse; sa face postérieure est lisse, polie; on y voit deux facettes, légèrement déprimées, séparées par une éminence qui s'étend de la base à la pointe. La cavité externe est plus large que l'interne; ces deux cavités sont proportionnées aux deux condyles du fémur, sur lesquels cet os doit rouler; la rotule, par sa structure & sa situation, fait l'office d'une poulie, & augmente la force des muscles extenseurs de la jambe; elle forme de plus la saillie élégante du genou.

Les Os de la Jambe.

La jambe est composée de deux os; le plus gros suit la ligne perpendiculaire du fémur, & est appellé tibia; le second situé au côté externe & un peu postérieur de celui-ci, est nommé péroné.

Le Tibia.

Le tibia est un os long, presque prismatique, situé au-dessous du fémur, au-dessus & au côté interne de l'astragal, & au coté interne des extrémités du péroné. On considère sa tête ou son extrémité supérieure, son corps ou sa partie moyenne, sa base ou son extrémité inférieure; sa tête est plus large que sa base; elle est formée de deux condyles, applatis en dessus, lesquels présentent une grande face articulaire, ovale, transversalement divisée en deux cavités superficielles, par une tubérosité cartilagineuse qui paroît double : ces deux faces répondent aux deux condyles du fémur. On remarque que l'interne est plus longue de devant en arrière, & un peu plus enfoncée; que l'externe est plus arrondie; à la circonférence de cette tête, s'attache le ligament orbiculaire.

Le condyle externe proémine plus que l'interne; on y voit, postérieurement & inférieurement, une petite éminence pour recevoir la tête du péroné. On remarque, sur le devant de la tête, une tubérosité inégale, extrêmement forte, appellée épine : elle donne attache au ligament tendineux de la rotule : le corps du tibia eſt triangulaire, & diſtingué en trois faces & en trois angles : de ces trois faces, l'interne eſt la plus large & la plus convexe ; elle ſe deſſine entièrement ſous la peau dont elle eſt recouverte immédiatement. Des trois angles, l'antérieur, qui eſt plus ſaillant & plus aigu, porte le nom de crête ; il eſt un peu arrondi inférieurement ; cette crête n'eſt abſolument recouverte que de la peau ; à l'égard des autres angles, nous ne les décrirons pas plus que les deux autres faces, parce qu'ils ſont profondément ſitués.

L'extrémité inférieure du tibia ou ſa baſe, eſt moins large que ſa tête ; elle laiſſe appercevoir intérieurement une apophyſe, nommée malléole interne, qui deſcend plus bas que le contour de ſa baſe ; elle eſt légèrement échancrée à ſa pointe ; elle n'eſt pas dans un même plan avec le condyle interne ; elle eſt un peu plus antérieure ; vers le côté externe de cette baſe, on voit un enfoncement ſémi-lunaire pour recevoir l'extrémité inférieure du péroné ; enfin, la baſe du tibia eſt terminée par une cavité cartilagineuſe, ſuperficielle, tranſverſalement oblongue ; cette cavité s'étend juſques ſur la malléole interne, qui eſt auſſi revêtue du même cartilage.

Le Péroné.

LE péroné eſt le ſecond os de la jambe ; il eſt fort grêle, & ſitué au côté externe du tibia ; il a différentes faces, qui ſervent d'attache à pluſieurs muſcles. Sa partie ſupérieure eſt munie d'une tête ou d'une tubéroſité oblique & raboteuſe dans ſon contour, cartilagineuſe, circulaire pour ſon articulation avec une facette ſemblable au condyle externe du tibia. Cette facette ſe termine par une pointe mouſſe, qui donne attache au muſcle biceps. A ſon extrémité inférieure, ſe remarque une eſpèce de tête oblongue, applatie & comme triangulaire, qui la termine par une pointe mouſſe, nommée malléole externe ; cette éminence n'eſt recouverte que par la peau ; elle eſt plus grêle que l'interne, & deſcend plus bas ; elle a, du côté interne, une facette carti-

lagineuſe pour ſon articulation avec la facette externe de l'aſtragal.

Les uſages des os de la jambe, ſont de ſoutenir le fémur dans certaines poſitions, & de s'appuyer ſur lui dans d'autres, de ſe fixer ſur l'aſtragal dans le plus grand nombre des mouvemens, & de ſervir à nous tranſporter d'un lieu à un autre, au moyen de ſon articulation avec les os du tarſe, enfin de permettre la diſtribution de pluſieurs vaiſſeaux, de quantité de muſcles & de ligamens.

Du Pied.

LE pied comprend le tarſe, le métatarſe, & les doigts ou orteils.

Les Os du Tarſe.

LE tarſe eſt compoſé de l'aſtragal, du calcanéum, du ſcaphoïde, du cuboïde, & des trois os cunéiformes.

L'aſtragal a un corps & des extrémités. La partie ſupérieure de ſon corps préſente une ſurface en forme de poulie, dont les bords répondent aux cavités du tibia. Ses parties latérales ont deux faces articulaires, qui ont rapport aux malléoles.

L'extrémité antérieure de l'aſtragal a une tête un peu oblongue, qui s'articule avec le ſcaphoïde.

Cet os ſert à former la partie ſupérieure du pied, à exécuter différens mouvemens, & à donner attache à des parties charnues & ligamenteuſes.

Le calcanéum ou l'os du talon, eſt le plus conſidérable des os du pied, dont il occupe la partie poſtérieure & inférieure ; cet os eſt long & irrégulier, il eſt applati ſur les côtés. Son corps préſente ſix faces.

1°. Une antérieure, qui eſt convexe, oblique & cartilagineuſe, pour s'articuler avec la face articulaire inférieure de l'aſtragal.

2°. Une poſtérieure, qui eſt une tubéroſité raboteuſe très-forte, où s'attache le tendon d'Achille.

3°. Une ſupérieure, qui ne préſente rien de particulier.

4°. Une inférieure, qui est inégale, applatie & occupée par les muscles fléchisseurs.

5°. Enfin, deux faces latérales qui s'étendent depuis la tubérosité postérieure jusqu'au bord de la grande apophyse antérieure ; la face externe est légèrement convexe & inégale, & n'est recouverte que des tégumens & des ligamens. La face interne est un peu enfoncée & concave pour le passage des vaisseaux & des nerfs, & pour loger le muscle accessoire du long fléchisseur des orteils, &c.

L'apophyse antérieure est terminée en devant par une facette cartilagineuse oblique, pour son articulation avec l'os cuboïde.

L'os scaphoïde a, dans sa partie postérieure, une cavité ovale, qui reçoit l'astragal ; on y observe antérieurement trois petites facettes, qui répondent aux trois os cunéiformes, ainsi nommés, parce qu'ils ont la forme d'un coin. On les distingue en grand, moyen & petit : ils sont tous trois placés à côté l'un de l'autre, & répondent, par leur face postérieure, aux trois facettes du scaphoïde, & par leur face antérieure, aux trois faces articulaires postérieures des trois premiers os du métatarse.

Le cuboïde est placé entre le calcanéum, le troisième os cunéiforme, & les deux derniers du métatarse ; il a plusieurs faces, & une apophyse oblique.

Les Os du Métatarse.

LE métatarse est composé de cinq os, dont la figure ressemble à celle de petites colonnes. Ils sont placés parallèlement à côté les uns des autres, convexes en dessus, & concaves en dessous ; leur distinction est numéraire, c'est-à-dire, qu'on les distingue en premier, deuxième, troisième, quatrième & cinquième.

Le premier est le plus volumineux & le plus court de tous ; le second est le plus long ; les autres diminuent toujours en grosseur & en longueur : le dernier est cependant un peu plus épais que les deux précédens.

Les Orteils ou Doigts du Pied.

LES orteils sont au nombre de cinq, rangés sur la même ligne. Ils sont formés de trois phalanges, à l'exception du pouce qui n'en a que deux. La première phalange est plus grande que la seconde, & celle-ci plus que la troisième.

L'utilité des orteils ou doigts, est d'affermir le pied, d'obéir à ses divers mouvemens, de donner attache à plusieurs tendons & ligamens, de servir d'appui à quantité de vaisseaux & de nerfs, & de porter tout le poids du corps, quand nous marchons.

Fin de l'Ostéologie.

AVERTISSEMENT.

LES quatorze planches d'Oſtéologie qui ſuivent, n'offrent que l'Oſtéologie ſèche, excepté les cartilages du ſquelette de l'enfant nouveau né
qui a été deſſiné ſur un ſujet frais. Auſſi obſerve-t-on que les os, les
épiphyſes & les cartilages, ſont, à proportion, plus volumineux que ceux
de l'adulte.

AUTANT que l'eſpace l'a permis, on s'eſt aſſujetti à faire graver,
dans ſa grandeur naturelle, chaque pièce ſéparée; & ſi l'on s'eſt écarté
de cette règle générale, ce n'a été que dans les occaſions où le volume &
la grandeur des figures auroit excédé l'étendue de la planche. La gravure
s'éloigne alors d'autant plus de la proportion naturelle de chaque objet en
particulier, qu'il y en a un plus grand nombre repréſenté dans une même
planche; telles ſont celles où le ſquelette entier ſe trouve deſſiné.

QUANT à la poſition des figures, elles ſont plus ou moins inclinées,
ſuivant la ſituation qu'il convenoit de leur donner, pour rendre avec plus
d'avantage les parties que l'on a eu principalement intention de bien
exprimer. Il ſuit de-là que certaines portions d'os ſont très-bien développées, tandis que leurs correſpondantes dans le même os ou dans deux
os ſemblables ſont dans l'ombre, ou paroiſſent ſous un aſpect bien
différent; il étoit à propos de prévenir, à ce ſujet, les jeunes Artiſtes, à
qui cette diſconvenance pourroit paroître un défaut dans la Gravure.

J'AUROIS deſiré rendre mon travail complet, en préſentant de ſuite
au Public la ſeconde partie de cet Ouvrage, qui doit traiter des muſcles,
des veines extérieures, conſidérés ſur le modéle vivant, de quelques
faits ſur l'expreſſion, & de la ſtructure en abrégé des organes des ſens;

F 2

mais on obfervera que ce travail ne peut être utile qu'autant qu'on y ajoutera des planches divifées & repréfentées avec la même exactitude que celles de l'Oftéologie. Auffi mon deffein eft-il de donner environ dix à douze planches fur les mufcles, & une ou deux qui repréfentent le modèle vivant dans une attitude telle, que les mufcles & les veines prononcent fortement à travers la peau; mais outre qu'il faut beaucoup de temps, une faifon favorable & des Artiftes très-habiles pour l'exécution de ce projet, la dépenfe en eft confidérable; en conféquence, j'ai penfé qu'en attendant cette feconde livraifon, à laquelle je confacre une partie de mes veilles, je pouvois toujours offrir aux Artiftes le Tableau de la Science, à l'étude de laquelle ils fe doivent livrer, c'eft-à-dire, les os de l'homme réunis d'abord, puis confidérés féparément.

J'OBSERVERAI que le format de ce Volume pourra ne pas plaire également à tous les Artiftes, qui, en général, aiment mieux les Gravures fuivant leur longueur, que lorfqu'elles font pliées; mais je les prie de réfléchir que j'ai plutôt confulté la commodité que l'élégance; d'ailleurs j'ai pris la précaution de faire garnir d'un onglet le pli fait à chaque planche, pour ne point en altérer la gravure; ils reconnoîtront alors, je penfe, que, par cet arrangement, cet Ouvrage eft plus portatif, fur-tout pour ceux des Elèves qui fuivent différens Profeffeurs, & qui veulent confulter, d'un moment à l'autre, ces Elémens.

AU RESTE, chacun, à cet égard, peut fe fatisfaire : car les planches peuvent être brochées dans leur longueur, en les féparant du corps de l'Ouvrage.

EXPLICATION DES PLANCHES (*).

PREMIÈRE PLANCHE.

CETTE planche repréfente le fquelette d'un homme de cinq pieds & demi, réduit à quatorze pouces & demi.

La tête, dans cette figure, eft vue un peu de bas en haut, & légèrement penchée en arrière. On apperçoit la plus grande partie du coronal, une portion du pariétal droit, une portion de la grande aîle droite du fphénoïde, une grande partie du temporal, une petite portion de l'occipital; les orbites, & fur-tout le droit, s'y manifeftent en entier. Les os du nez font vus en raccourci; les os de la pommette & les os maxillaires paroiffent très-bien, ainfi que la mâchoire inférieure, & les dents de l'une & l'autre mâchoire.

Par l'attitude qu'on a donnée à ce fquelette, l'on voit affez bien les différentes courbures de la colonne cervicale, dorfale, lombaire & facrée, la fituation des côtes, celle du fternum; le baffin eft vu un peu de côté.

A l'égard des extrémités fupérieures, la droite eft dans fa pofition naturelle. La clavicule eft vue dans toute fon étendue, de même que la face interne de l'omoplate, l'humérus, le radius, le cubitus, &c., le carpe, le métacarpe, les doigts. Le bras gauche eft légèrement élevé, & l'avant-bras un peu en pronation.

L'extrémité fupérieure droite fe préfente par fa partie antérieure; & la gauche fe découvre par fa face interne.

A l'égard des extrémités inférieures, celle du côté droit eft vue en devant, & celle du côté gauche par la partie interne; le fémur, la rotule, le tibia, le péroné, le tarfe, le métatarfe, les orteils, font parfaitement diftinéts.

DEUXIÈME PLANCHE.

LA feconde figure repréfente le fquelette de l'homme, vu de côté, avec les mêmes proportions que le précédent.

La tête de cette figure fe montre de profil. On y apperçoit la moitié du coronal, tout le pariétal droit, une portion de l'os fphénoïde, tout le temporal, une portion de l'occipital, une portion de l'orbite du côté droit, l'os du nez du même côté, l'os de la pommette, l'os maxillaire, la moitié de la mâchoire inférieure, les dents de l'une & l'autre mâchoire.

Les diverfes courbures de l'épine fe voient parfaitement bien dans cette figure : pour ce qui eft des vertèbres cervicales, leur corps, leurs apophyfes tranfverfes, & une grande portion de leurs apophyfes épineufes, font exprimés; à l'égard des vertèbres dorfales, on ne peut appercevoir leur corps que par l'intervalle des côtes; quant aux vertèbres des lombes, on découvre, non-feulement une grande partie de leurs corps, mais encore leurs apophyfes tranfverfes & épineufes. Le thorax eft vu au trois quarts de droite à gauche, & on apperçoit la direction des côtes & le fternum.

En jettant les yeux fur les os du baffin, l'os facrum n'eft vu qu'en partie, & l'os des îles, du côté droit, fe montre par fa face externe; & le gauche eft vu du côté de fa face interne. L'extrémité fupérieure droite, expofe la clavicule du côté droit, vue en entier, la portion poftérieure de l'omoplate, la face externe de l'humérus, les os de l'avant-bras, la main, &c.; le bras, du côté gauche, n'eft apperçu que par l'intervalle des côtes. L'avant-bras & la main, du même côté, font vus par leur face interne.

(*) Je prie le Leéteur d'obferver que l'explication des premières planches n'eft point accompagnée de lettres indicatives, par la raifon que les parties néceffaires à connoître étant exprimées par des lettres dans les figures féparées qui fuivent celles-ci, j'ai cru inutile de répéter encore la même chofe, répétition qui, non-feulement nuiroit à l'enfemble des figures, mais auroit augmenté inutilement les frais d'impreffion, conféquemment le prix de l'ouvrage.

L'extrémité inférieure, du côté droit, est apperçue par sa face externe, au lieu que celle du côté gauche se montre entièrement par sa face interne.

TROISIÈME PLANCHE.

DANS la troisième planche, on voit la partie postérieure du squelette de l'homme, de la grandeur de quinze pouces. La tête présente environ les trois quarts de sa partie postérieure, les pariétaux, l'occipital, une grande partie du temporal, la suture sagittale lamboïde. De plus, on observe quelques parties des os de la face, comme une portion des os de la pommette, une grande partie de la face interne de la mâchoire inférieure. On a sous les yeux l'exposition de la partie postérieure de l'épine, celle des côtes & des os qui composent le bassin.

Les extrémités supérieures laissent voir les omoplates, une portion des clavicules, toute la face postérieure de l'os du bras, ceux de l'avant-bras. Celui du côté droit est vu en pronation, ce qui est cause que la main ne s'apperçoit que par une partie de sa face interne, au lieu que l'avant-bras, du côté gauche, étant en supination, on ne découvre la main que par une portion de sa face externe.

Les extrémités inférieures sont aussi exprimées par leur partie postérieure, excepté les pieds, qui sont vus un peu de côté & en raccourci.

QUATRIÈME PLANCHE.

POUR faire connoître les différences qui se rencontrent dans les os qui composent le squelette de la femme & celui de l'homme, on a fait graver cette figure dans les proportions du squelette d'une femme de cinq pieds, réduite à la hauteur d'environ treize pouces. Ce squelette étant considéré par sa partie antérieure, on y apperçoit d'abord que la tête est plus petite que dans l'homme; que les os sont plus unis & moins volumineux, & les

apophyses plus petites; que la poitrine est moins élevée, & le sternum plus convexe; que les vertèbres des lombes se portent communément plus en devant; les os du bassin plus en arrière; que l'os sacrum est plus large, de même que les os du bassin; que le coccix est plus droit; que le bassin, dans son tout, est plus spacieux & plus évasé.

On trouve aussi que les os pubis ont moins de hauteur par leur corps, & que leurs branches supérieures sont plus allongées que dans l'homme; que les épines des os ischion sont plus éloignées l'une de l'autre, de même que leur tubérosité. On remarque encore que les branches des os ischion devenant convergeantes, se portent sur un plan incliné, d'où il suit que l'angle, qui résulte de la rencontre de ces deux os avec les branches inférieures des os pubis, est beaucoup plus ouvert que chez l'homme. On voit de même que le col du fémur est plus allongé; les grands trocanters plus éloignés des cavités cotyloïdes; enfin, que l'os de la cuisse est, par sa partie supérieure, plus divergent que dans l'homme; les genoux plus gros, arrondis, pliés en devant, & plus rapprochés l'un de l'autre; le talon plus court, plus élevé & plus arrondi, ce qui vient de la différence dans la marche & dans l'attitude.

CINQUIÈME PLANCHE.

CETTE planche représente le squelette d'un enfant nouveau né; la tête est d'une figure sphérique, & beaucoup plus grosse que dans l'adulte, eu égard aux autres parties du corps. Cette grosseur dépend de la conformation du crâne. La face est absolument plus courte que dans l'adulte même, proportionnellement au crâne; les bords alvéolaires de l'une & de l'autre mâchoire sont peu élevés, par le défaut de l'entier développement des dents; les branches de la mâchoire inférieure font un angle obtus & saillant, tandis que dans l'adulte, elles font un angle droit; l'arcade zigomatique est moins courbée & moins saillante. L'apophyse mastoïde n'est pas développée; tous les os de la face en général font très-courts, & leurs éminences font à peine faillantes, comparativement à l'adulte. La poitrine eft plus élevée dans fa partie antérieure, plus grande que dans le fquelette adulte, par rapport au refte du corps; elle eft arrondie dans fon contour; au lieu que dans l'adulte, la région fternale eft plus rapprochée de la colonne dorfale; les courbures des clavicules fe manifeftent peu; les extrémités fupérieures defcendent plus bas; les extrémités inférieures font plus courtes, & toutes les articulations, en général, font moins flexibles, plus groffes, & font plus de faillie du côté de l'extenfion; enfin, en comparant les proportions de ce fquelette avec celles d'un adulte, on voit que le point milieu fe trouve répondre entre la troifième & quatrième vertèbre lombaire, tandis que dans le fquelette de l'homme, ce point fe trouve au pubis.

Il eft d'autant plus effentiel à l'Artifte d'obferver toutes ces différentes proportions, de grandeur & d'éminence, que fi il n'y faifoit pas d'attention, il pourroit bien lui arriver de peindre un petit homme pour un enfant, ou un grand enfant pour un homme.

SIXIÈME PLANCHE.

DANS cette planche, on voit l'expofition de deux figures de grandeur naturelle. La première repréfente la tête en perfpective, & la feconde la fait voir de côté ou de profil. On apperçoit dans la première figure, A le coronal entier, B une portion des foffes temporales, C les foffes orbitaires, D la partie antérieure des foffes nazales, E les os de la pommette, F les os maxillaires avec leurs dents, G la mâchoire inférieure auffi avec fes dents, HH les boffes frontales.

La feconde figure repréfente une tête vue prefqu'entièrement par le côté droit; A le coronal, B le pariétal, C l'occipital, D les grandes aîles du fphénoïde, E la portion écailleufe des temporaux, F l'arcade zigomatique, G l'apophyfe maftoïde, H les os carrés du nez, I l'os maxillaire, K l'os de la pommette, L le menton offeux, M les branches de la mâchoire

inférieure, N la foffe canine, O la foffe zigomatique, P les condyles de la mâchoire inférieure, Q l'orifice du conduit auditif externe.

SEPTIÈME PLANCHE.

CETTE planche repréfente le tronc par fa partie antérieure, & un peu latérale du côté droit; on y remarque, AAA les différentes courbures de l'épine, B les côtes, C l'omoplate, D la clavicule du côté droit, E le fternum, F les cartilages fitués entre ce dernier os & les côtes, GG les os des îles, H le facrum, I la cavité cotyloïde, K le pubis, L l'arcade du pubis, M la tubérofité fciatique, N la crête de l'os des îles, O l'épine antérieure & fupérieure de ces os.

HUITIÈME PLANCHE.

CETTE planche repréfente le tronc dans fa partie poftérieure. On y découvre toute la rangée des vertèbres, cervicales A, dorfales B, lombaires C, avec leurs différences. On voit au-deffous, D la face externe de l'os facrum, E du coccix; FFF la région poftérieure des côtes, de même que celles G de la partie poftérieure des os des îles.

NEUVIÈME PLANCHE.

L'OMOPLATE & la clavicule font le fujet de cette planche.

FIGURE PREMIÈRE.

L'OMOPLATE, du côté gauche, eft ici gravée par fa face externe. On y remarque, A fa bafe, B la côte, C la cavité glénoïde ou l'angle antérieur, D l'angle inférieur, E l'angle fupérieur. On y diftingue deux foffes, appellées l'une F fus-épineufe, l'autre G fous-épineufe, féparées par H l'épine de l'omoplate, terminées en devant par une large apophyfe, I nommée acromion : enfin, K l'apophyfe coracoïde.

FIGURE II.

- On obferve dans cette figure la face interne de la même omoplate. On y découvre, A tout le bord fupérieur de l'omoplate, B la face interne de l'acromion, C de l'apophyfe cora-coïde.

FIGURE III.

La partie antérieure du même os, eft le fujet de cette figure; on y voit, A l'apophyfe acromion, B l'apophyfe coracoïde, C la cavité glénoïde, D la côte de l'omoplate, E l'angle fupérieur.

FIGURE IV.

La clavicule eft repréfentée ici à-peu-près dans fa pofition naturelle; A le corps, B l'extré-mité interne, fort épaiffe, nommée fternale, C l'extrémité externe, dite humérale, mince & applatie.

FIGURE V.

La clavicule eft ici gravée par fa partie inférieure, A l'angle inférieur de la face interne ou fternale de la clavicule, B les empreintes ligamenteufes & mufculaires de l'extrémité externe ou humérale.

Cet os eft plus faillant chez les perfonnes maigres que chez les graffes; plus auffi chez la femme que chez l'homme.

DIXIÈME PLANCHE.

L'os du bras & ceux de l'avant-bras font la matière de cette planche.

FIGURE PREMIÈRE.

L'humérus, du côté droit, eft ici repré-fenté par fa partie antérieure, A le corps, B une grande partie de la grande tubérofité, C le milieu de la tête, D la couliffe bicipitale, E le col, F le condyle externe, G le condyle interne, H la petite tête, I la poulie qui répond au cubitus.

FIGURE II.

Le même os eft gravé dans cette figure par fa partie poftérieure. On y voit, A la tête, B la grande tubérofité, C le col, D le condyle interne, E le condyle externe, F la poulie, G la cavité olécrane.

FIGURE III.

Le cubitus fe découvre ici par fa face externe & un peu poftérieure, A l'olécrane, B l'apo-phyfe coronoïde, C la grande échancrure fyg-moïde, D la petite échancrure fygmoïde, E fon corps, F l'apophyfe ftyloïde, G l'éminence demi-orbiculaire, qui eft reçue par le radius, H la cavité articulaire, qui répond à l'os cu-néiforme.

FIGURE IV.

On apperçoit ici le radius par fa face interne & une portion de l'externe, A la cavité glé-noïde, B l'éminence qui fe trouve tout autour de fa tête, C le col, D la tubérofité bicipitale, E fon corps, F l'apophyfe ftyloïde, G la cavité qui reçoit le cubitus, H la cavité articulaire qui répond au fcaphoïde & au fémi-lunaire.

ONZIÈME PLANCHE.

On a gravé dans cette planche, dans leur grandeur naturelle, tous les os de la main, deffinée dans la pofition où elle fe trouve, lorfque l'avant-bras eft un peu en pronation.

FIGURE PREMIÈRE.

Cette figure repréfente, par leur face externe, les os de la main droite, tous arti-culés enfemble, & gravés dans leur pofition naturelle; A première rangée des os du carpe, B feconde rangée des os du carpe, C l'articu-lation avec l'avant-bras, D l'articulation avec le métacarpe, F articulation avec les doigts, G le pouce, H l'index, I le médius, K l'annu-laire, L l'auriculaire. Premières phalanges, deuxièmes phalanges, troifièmes phalanges.

FIGURE

FIGURE II.

LA main droite est gravée dans cette figure par sa face interne. On y voit, AA &c. les quatre éminences du carpe, B la partie interne du métacarpe, C les doigts,

Nº. 3. Scaphoïde.
Nº. 4. Lunaire.
Nº. 5. Cunéiforme.
Nº. 6. Pisiforme.
Nº. 7. Trapèze.
Nº. 8. Pyramidal.
Nº. 9. Le grand os du carpe.
Nº. 10. L'unciforme ou crochu.

DOUZIÈME PLANCHE.

CETTE planche contient le fémur & la rotule. On les a gravé de grandeur naturelle, sur un sujet de cinq pieds six pouces : ce qui donne au fémur quinze pouces & demi en longueur, & à la rotule un pouce neuf lignes de long, sur un pouce sept lignes de large.

FIGURE PREMIÈRE.

CETTE figure représente le fémur, du côté droit, par sa face antérieure, A la tête, B le col, C le grand trocanter, D le petit trocanter, E le corps, F le condyle interne, G le condyle externe, H la tubérosité interne, I la tubérosité externe.

FIGURE II.

LE même os est vu dans cette figure par sa partie postérieure. On y voit, A la cavité du milieu de la tête, B le col du fémur, C le grand trocanter, D le petit trocanter, E le corps du fémur, F le condyle interne, G le condyle externe, H la tubérosité interne, I la tubérosité externe.

FIGURE III.

CETTE figure fait voir la rotule, du côté droit, par sa face externe, A le bord supérieur, BB les bords latéraux, CC les angles latéraux, D l'angle inférieur.

FIGURE IV.

CETTE figure représente la même rotule par sa face interne, A la facette articulaire du côté externe, B la facette articulaire du côté interne, C la ligne qui sépare ces deux facettes, D l'angle inférieur.

TREIZIÈME PLANCHE.

CETTE planche représente les os de la jambe dans leur grandeur naturelle.

FIGURE PREMIÈRE.

ON voit, dans cette figure, le tibia du côté droit, par sa face antérieure, & de la longueur de treize pouces dix lignes; A la crête du tibia, B la tubérosité, C le condyle interne, D le condyle externe, E la malléole interne, F la cavité articulaire de l'astragal.

FIGURE II.

LE même os est représenté par sa partie postérieure : A les tubercules qui répondent aux ligamens croisés, BB la partie postérieure des condyles, C l'empreinte du muscle solaire, D le trou nourricier, E la malléole interne, F la cavité articulaire qui reçoit le péroné.

FIGURE III.

LE péroné, du côté droit, est, dans cette figure, gravé, par sa face externe, sur treize pouces cinq lignes de long; A son corps, B l'apophyse supérieure du péroné, C la cavité articulaire qui reçoit l'éminence externe du tibia, D l'extrémité inférieure du péroné, qui forme la malléole externe.

FIGURE IV.

LE même os est ici représenté par sa face interne, A son corps, B l'extrémité supérieure, C la face articulaire de la partie interne de la malléole externe.

G

QUATORZIÈME PLANCHE.

CETTE planche contient trois figures, où le pied est représenté de grandeur naturelle, & sous différens points de vue.

FIGURE PREMIÈRE.

ON observe dans cette figure la face interne du pied droit, dont la position est presque horizontale ; A l'astragal, B le calcanéum, C le scaphoïde, D le premier os cunéiforme, E le second os cunéiforme, F un peu le troisième, G le premier os du métatarse, H le second os du métatarse, I le premier orteil, K le second orteil, L un peu le troisième.

FIGURE II.

ON apperçoit dans cette figure la partie supérieure du même pied droit; A est la partie supérieure du corps de l'astragal, où l'on voit une surface en forme de poulie, qui répond au tibia, B la face articulaire qui répond au péroné, C la tête, D l'extrémité postérieure, E la tubérosité postérieure du calcanéum, F la tubérosité antérieure qui répond au cuboïde, G le premier os cunéiforme, H le second cunéiforme, I le troisième os cunéiforme, KK les cinq os du métatarse, L l'apophyse du cinquième os du métatarse, MM &c. les premières phalanges des orteils, NN &c. les secondes phalanges des orteils, OO &c. les dernières phalanges des orteils.

FIGURE III.

ON voit dans cette figure le pied, par sa partie inférieure, représentant une espèce de voûte à sa partie moyenne & interne, qui est formée principalement par A le calcanéum, B le scaphoïde, CCC les os cunéiformes, D & par une petite partie de l'astragal, EE la partie postérieure des os du métatarse. Il est à remarquer que lorsque le pied est posé à plat sur le sol, il n'appuie que sur les tubérosités F du calcanéum, G de l'extrémité antérieure des os du métatarse, H sur toute la longueur de la face inférieure du cinquième, & II sur les orteils.

Fin de la première Partie.

TABLE

DES DIVISIONS

DE LA PREMIÈRE PARTIE.

Fin de la Table des Divisions.

A PARIS, chez CLOUSIER, Imprimeur du ROI, rue de Sorbonne.

Pl.1.

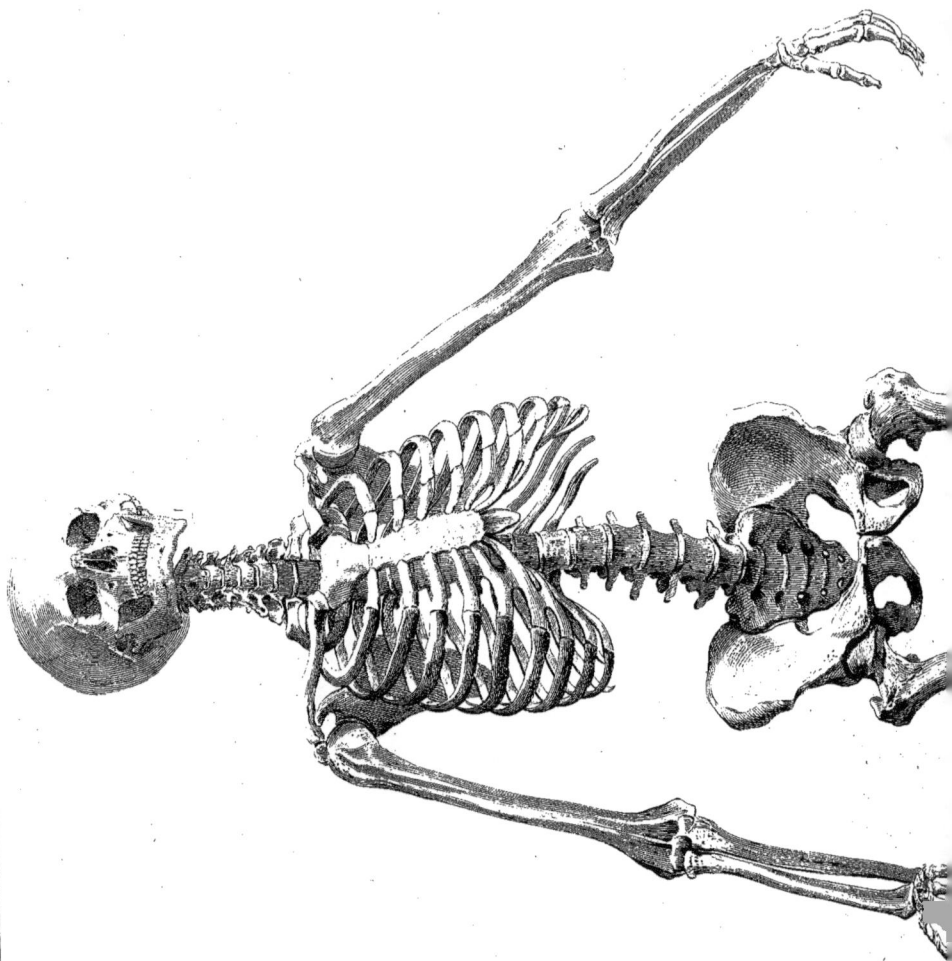

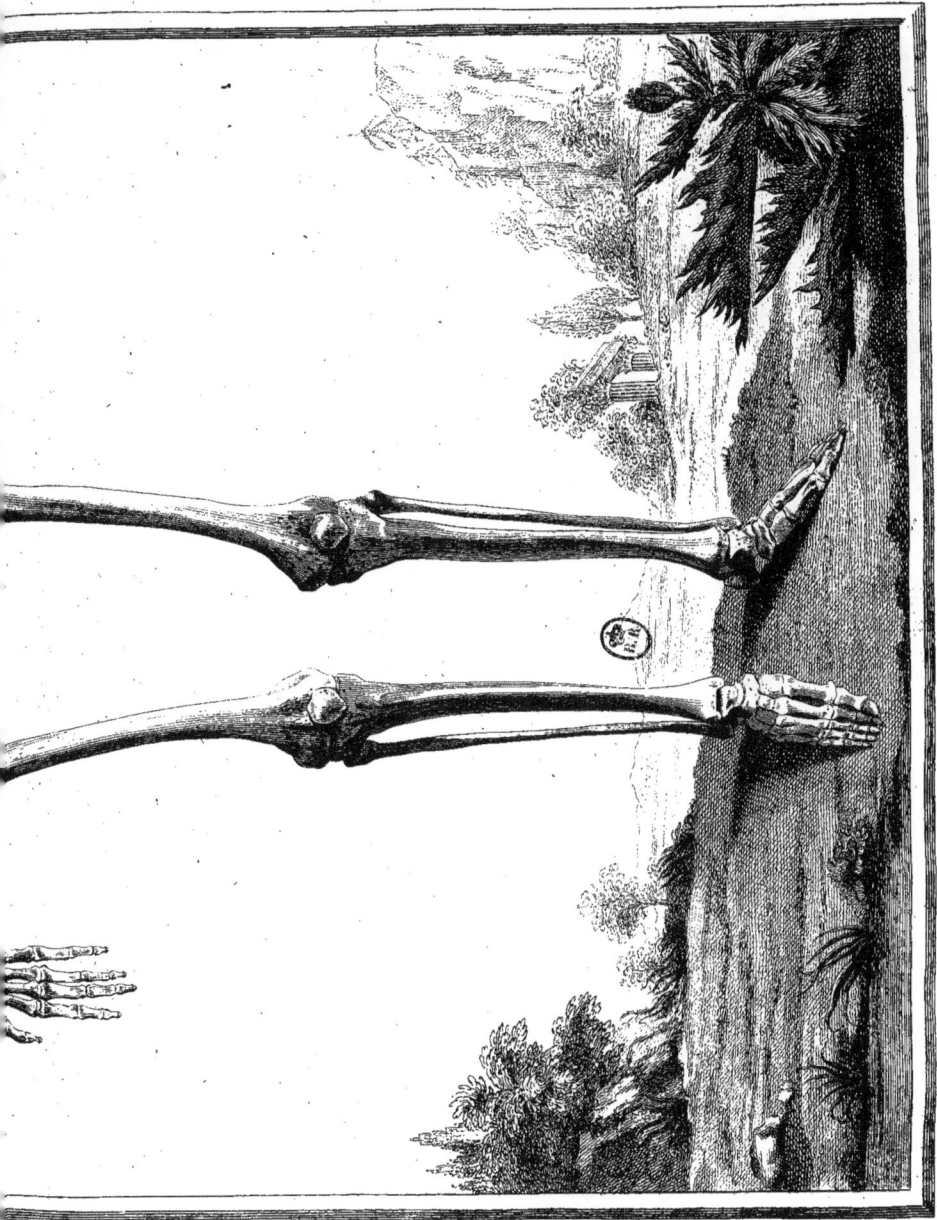

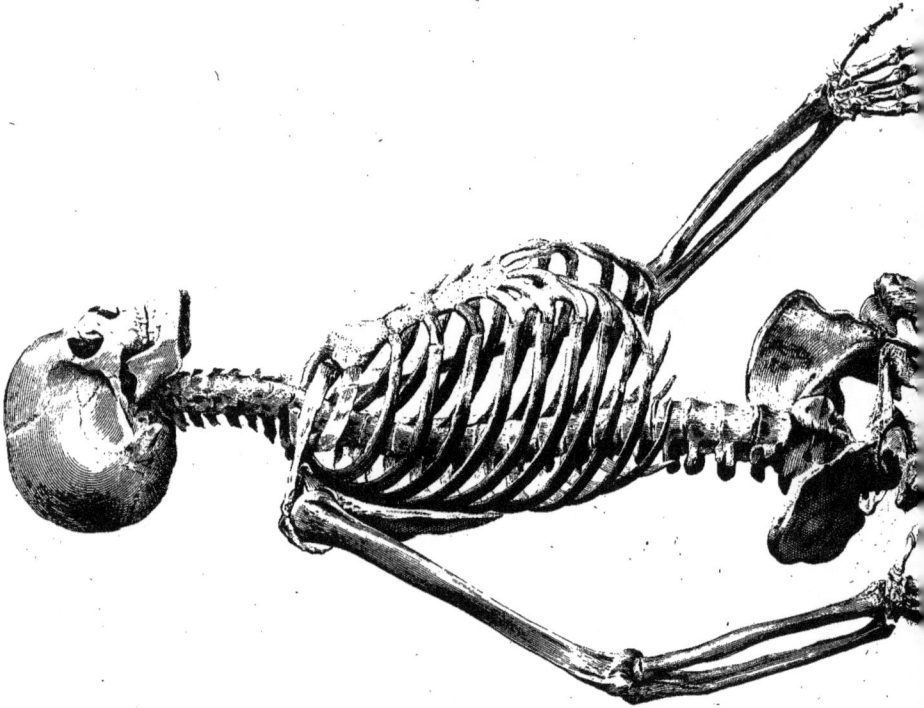

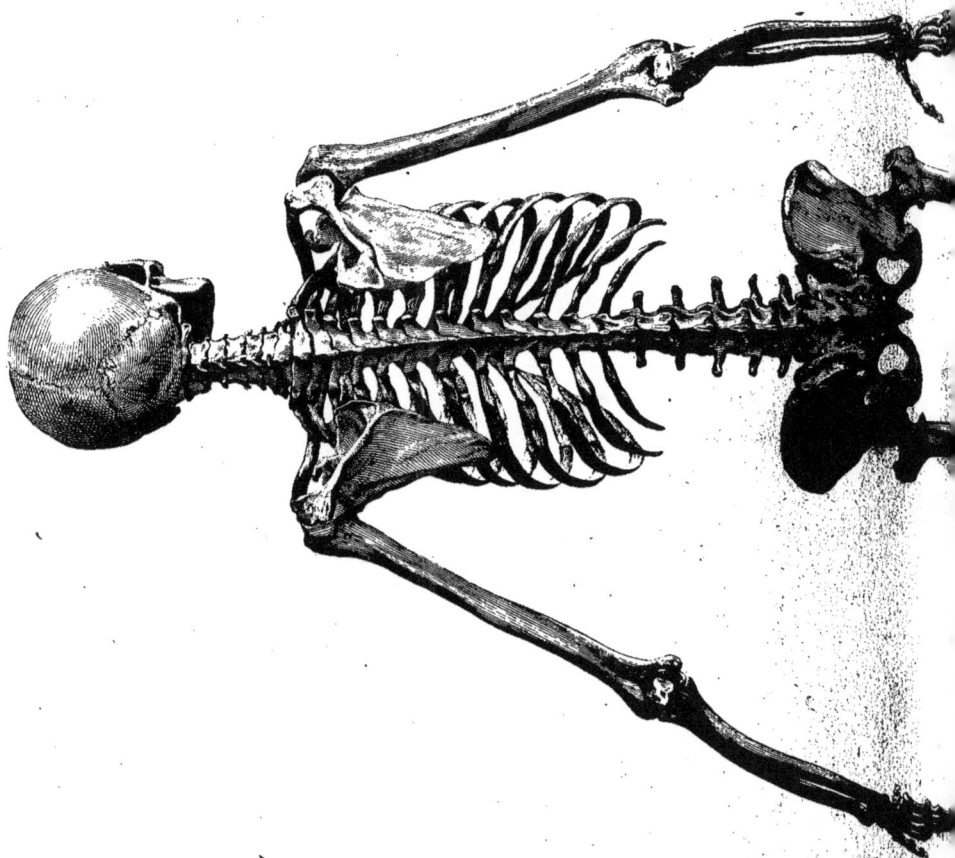

Thierié. Del.

jardinier. Sculp.

Pl. II.

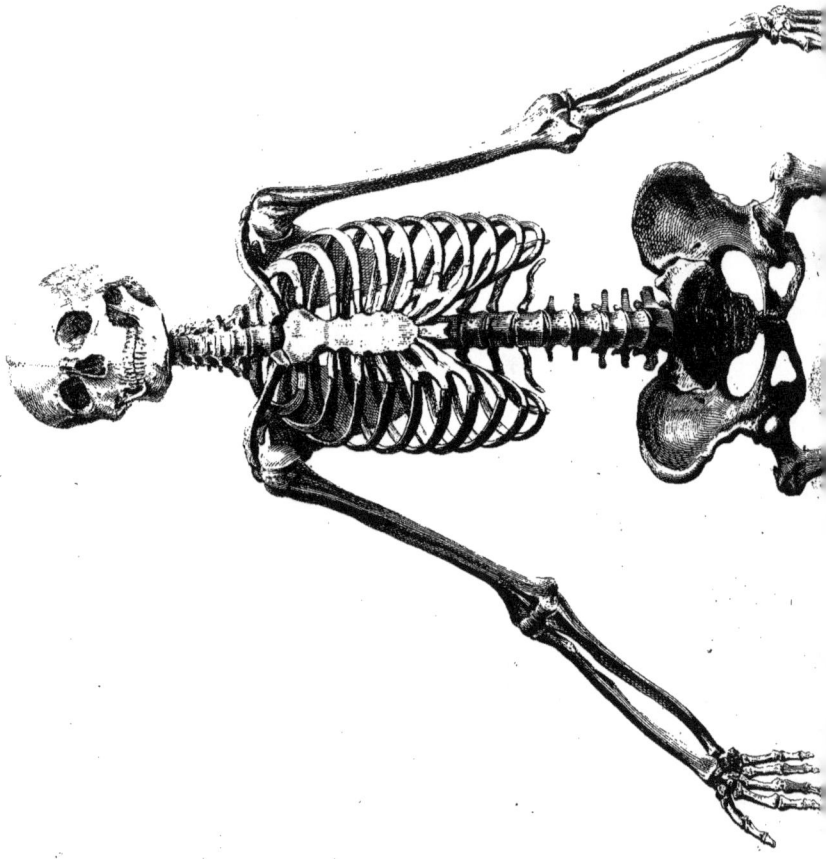

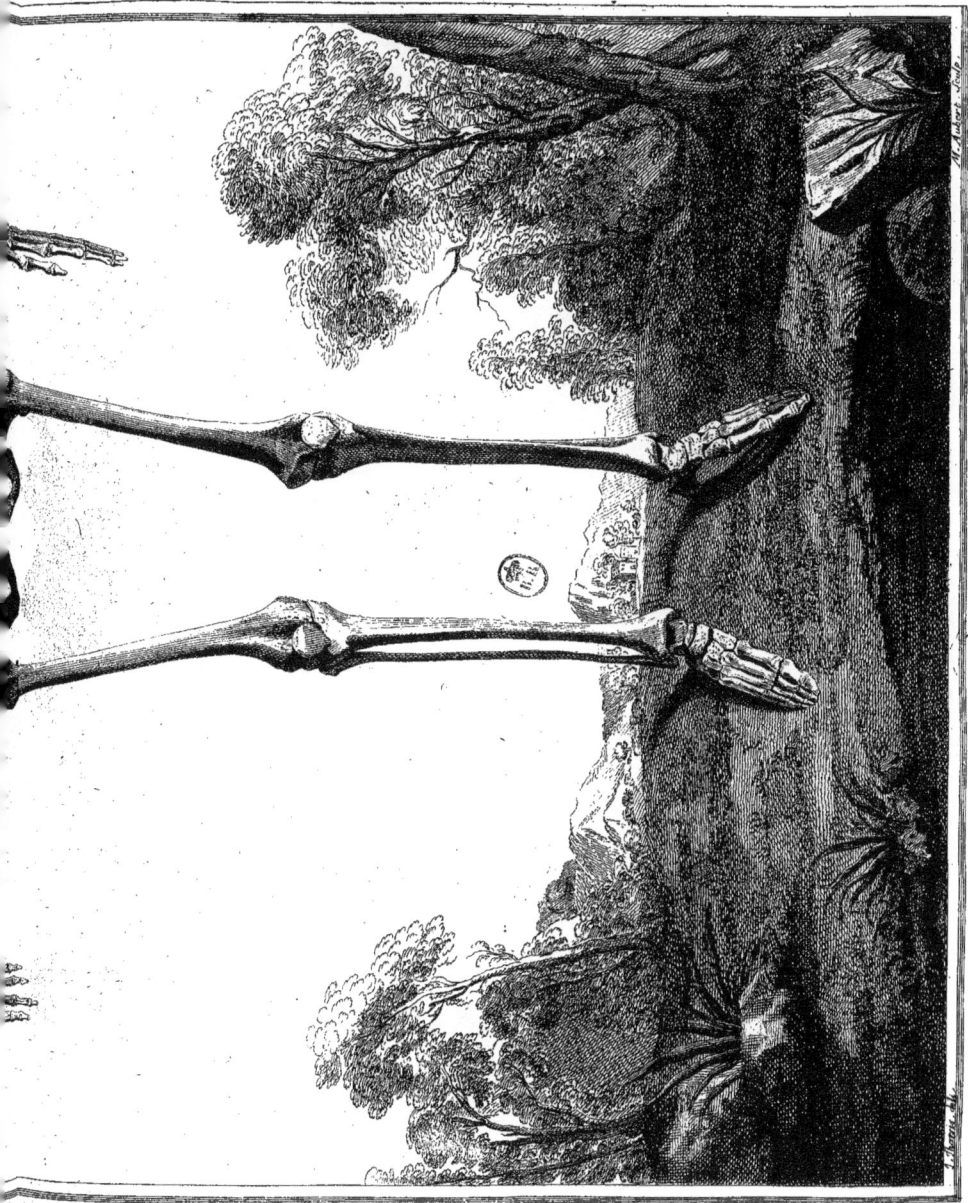

A. Aubert Sculp.

Pl. V.

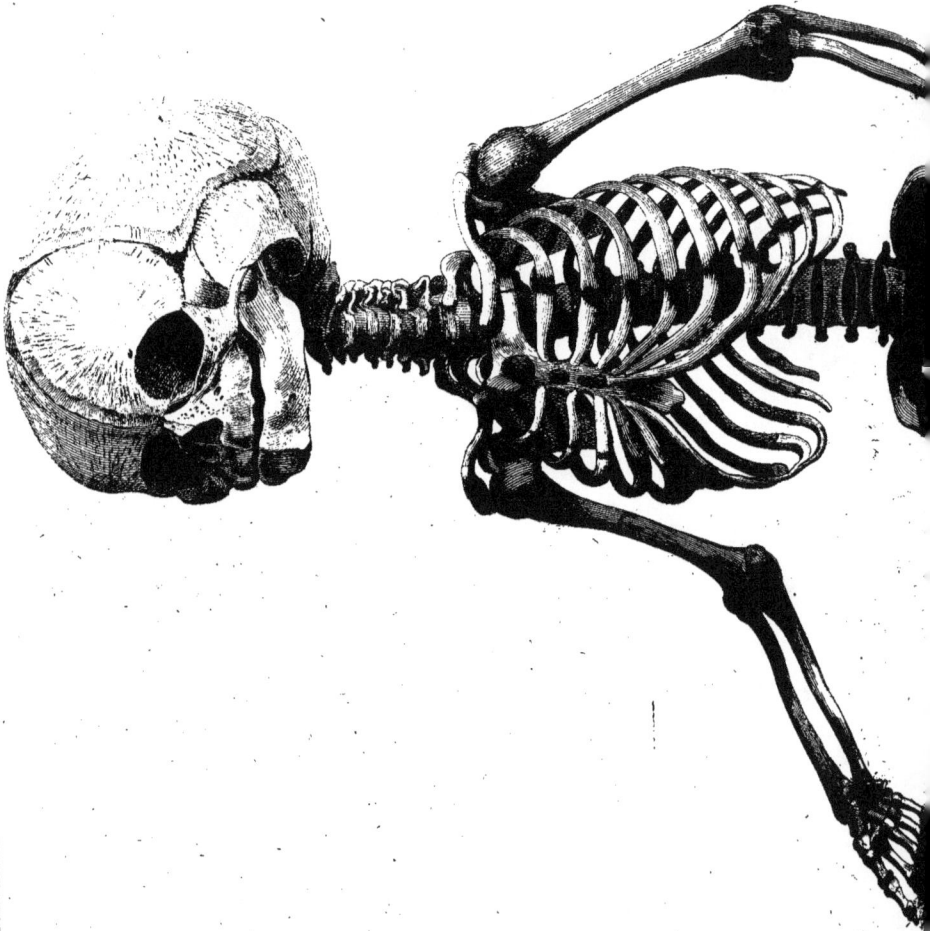

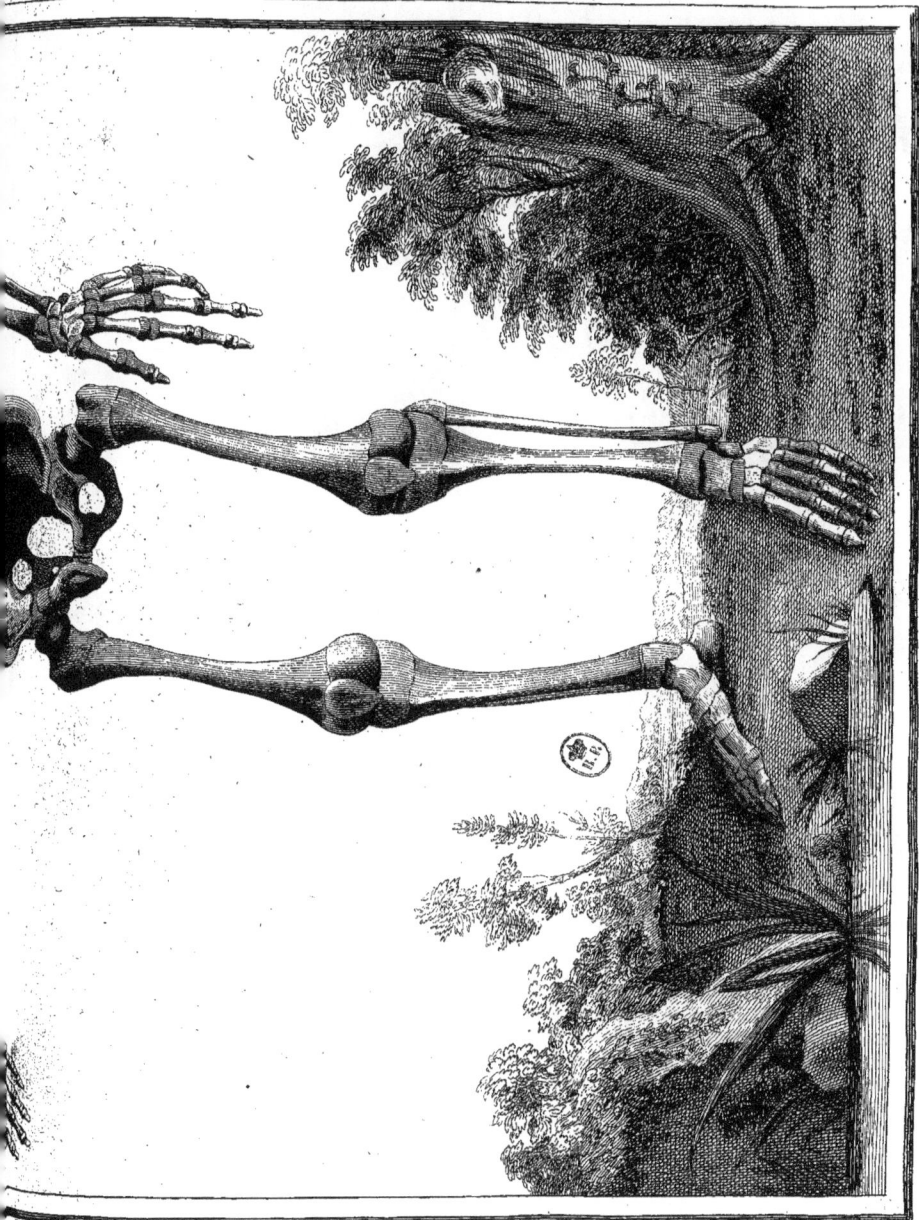

Pl. VI.

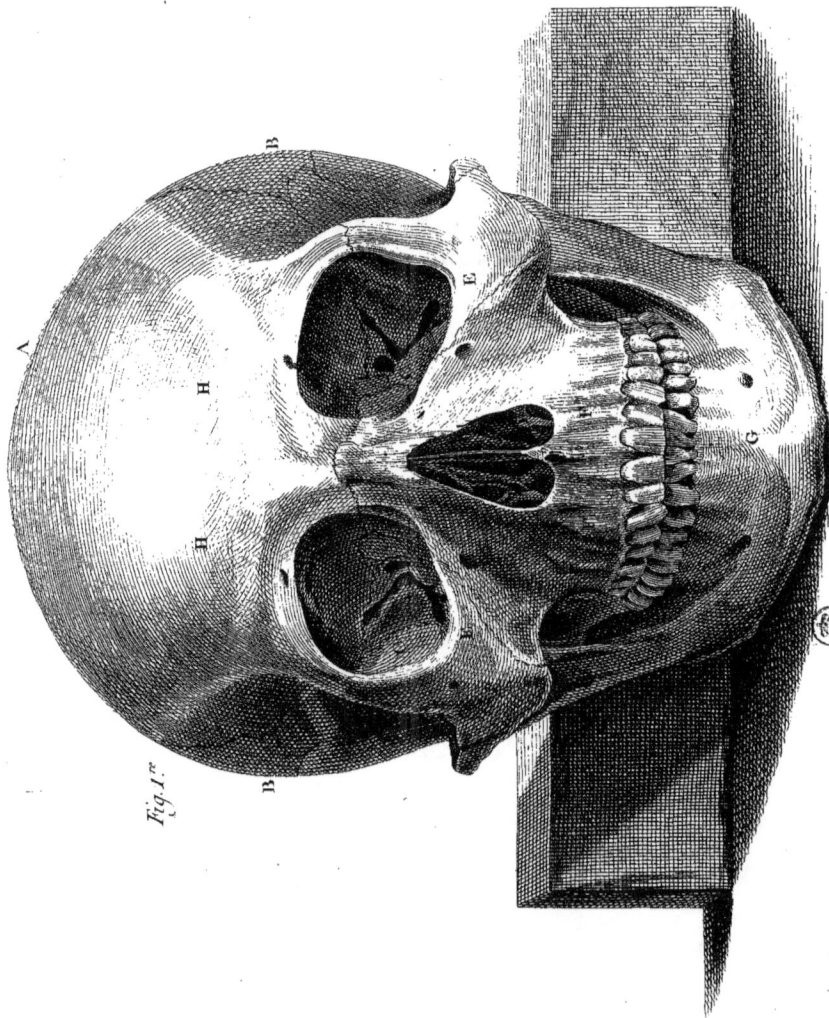

Fig. 1.

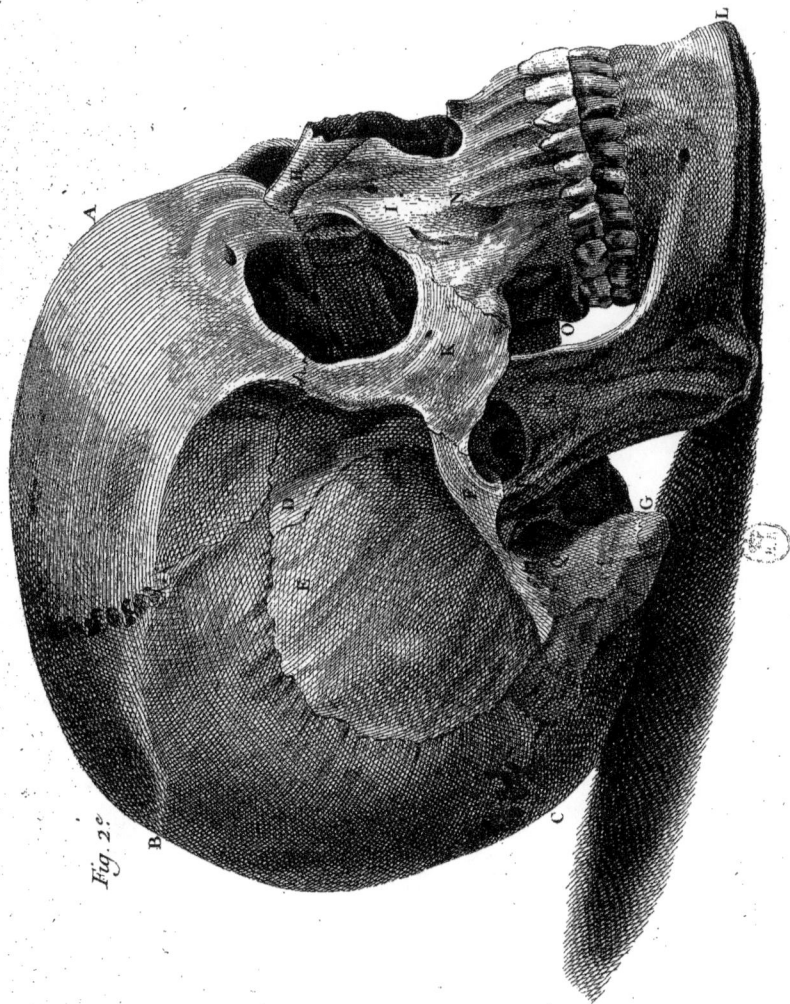

Fig. 2.ᵉ

Pl. VII.

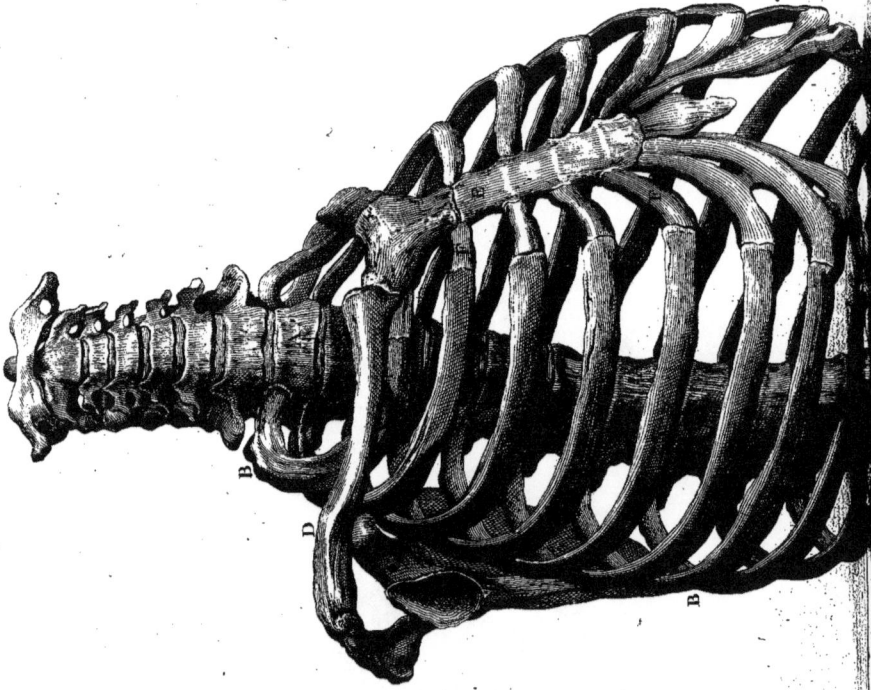

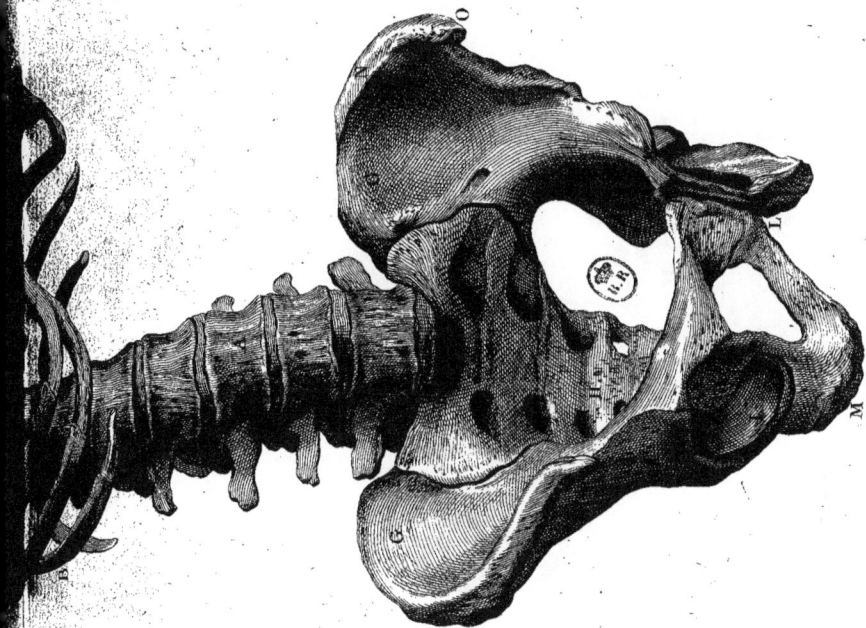

Pl. VIII.

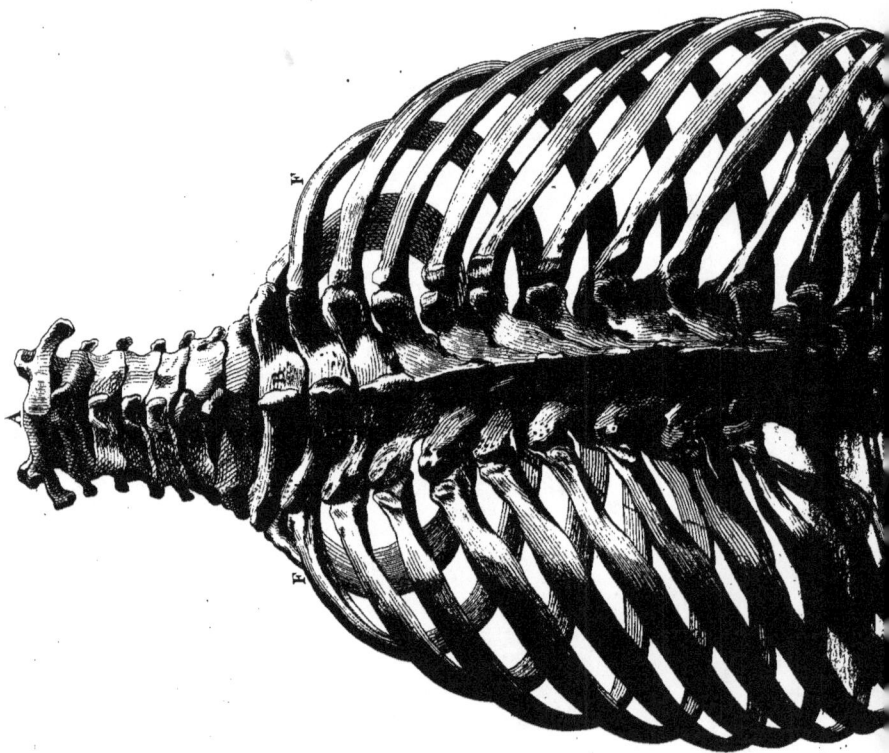

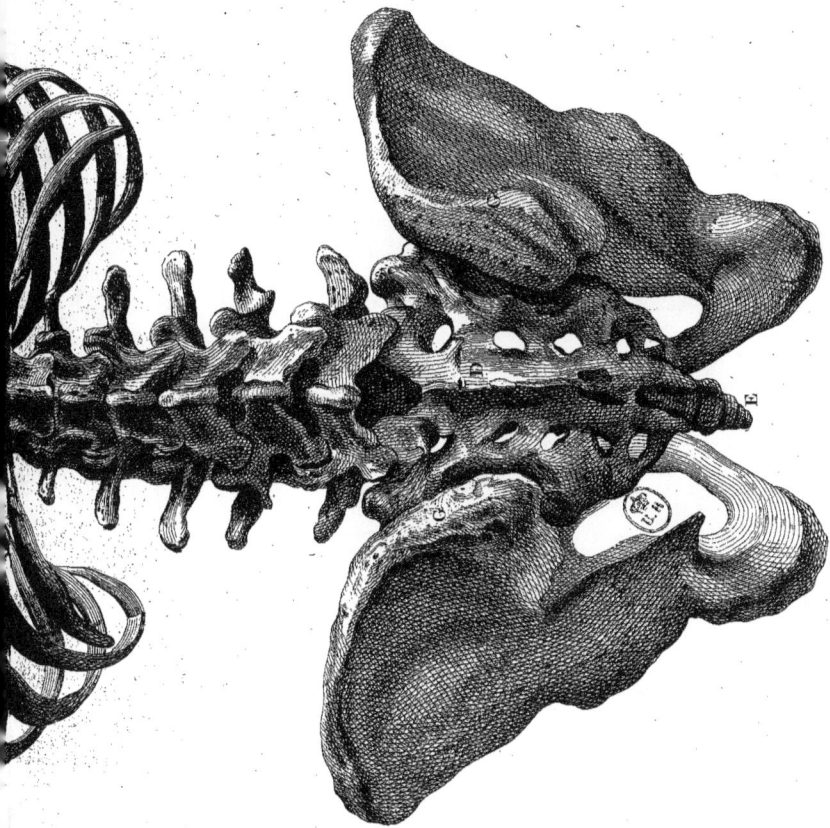

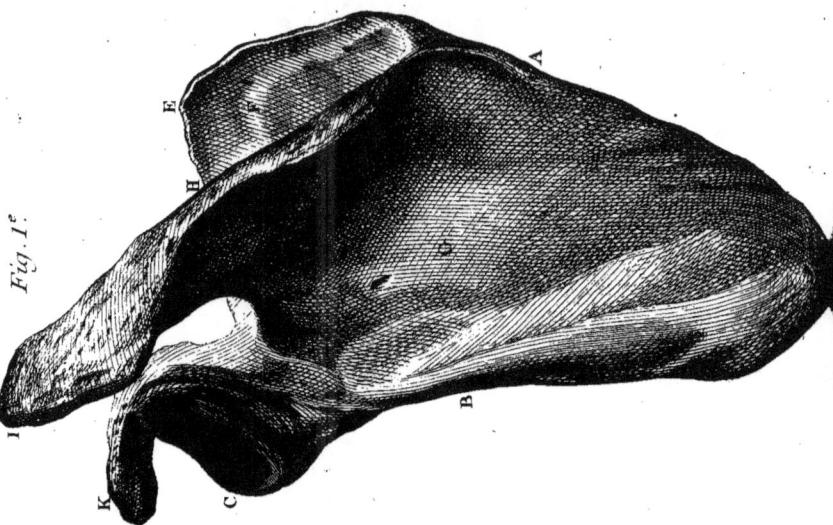

Fig. 1.ᵉ

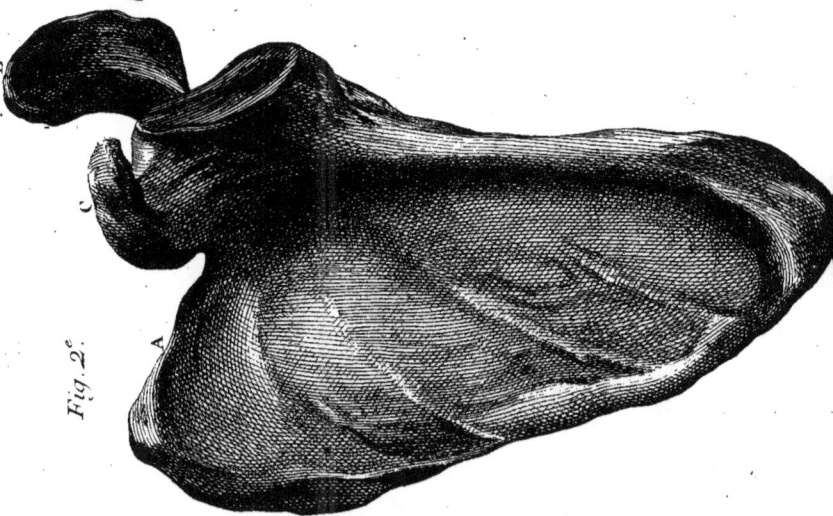

Fig. 2.ᵉ

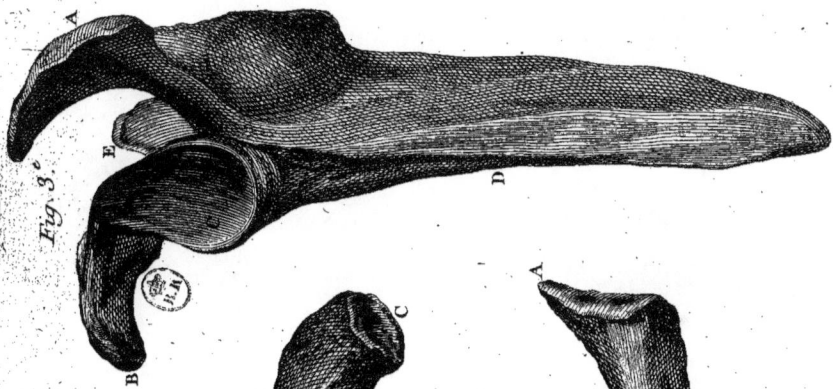

Fig. 3.

Fig. 4.

Fig. 5.

Pl. X.

Fig. 2.ᵉ

Fig. 3.ᵉ

Fig. 4.ᵉ

Fig. 1.ᵉ

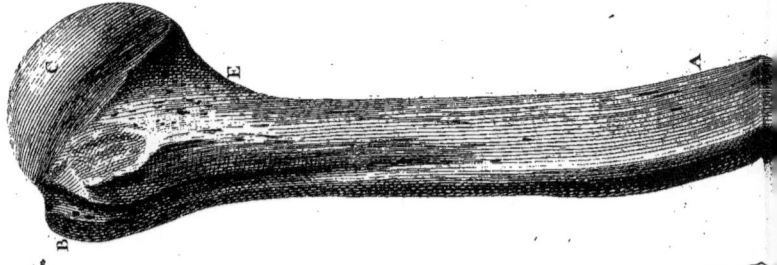

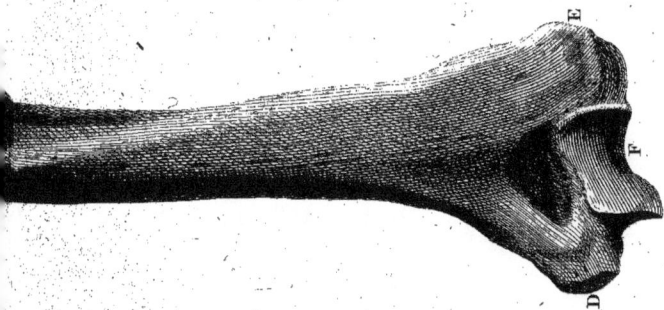

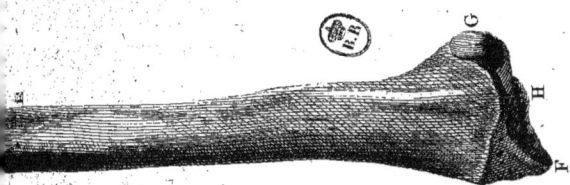

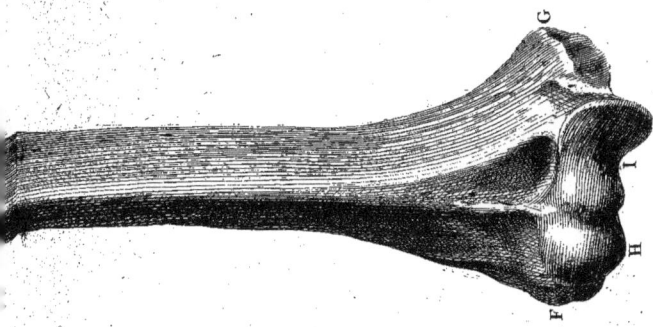

Pl. XI.

Fig. 6.^e

Fig. 5.^e

Fig. 4.^e

Fig. 3.^e

Fig. 10.^e

Fig. 9.^e

Fig. 8.^e

Fig. 7.^e

Fig. 1.re

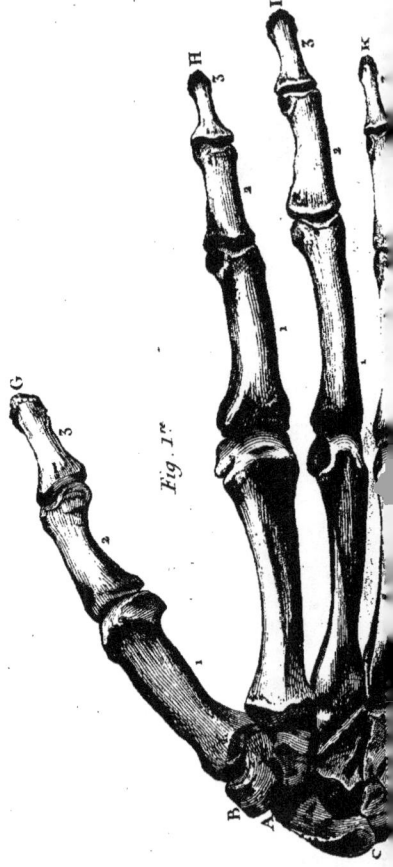

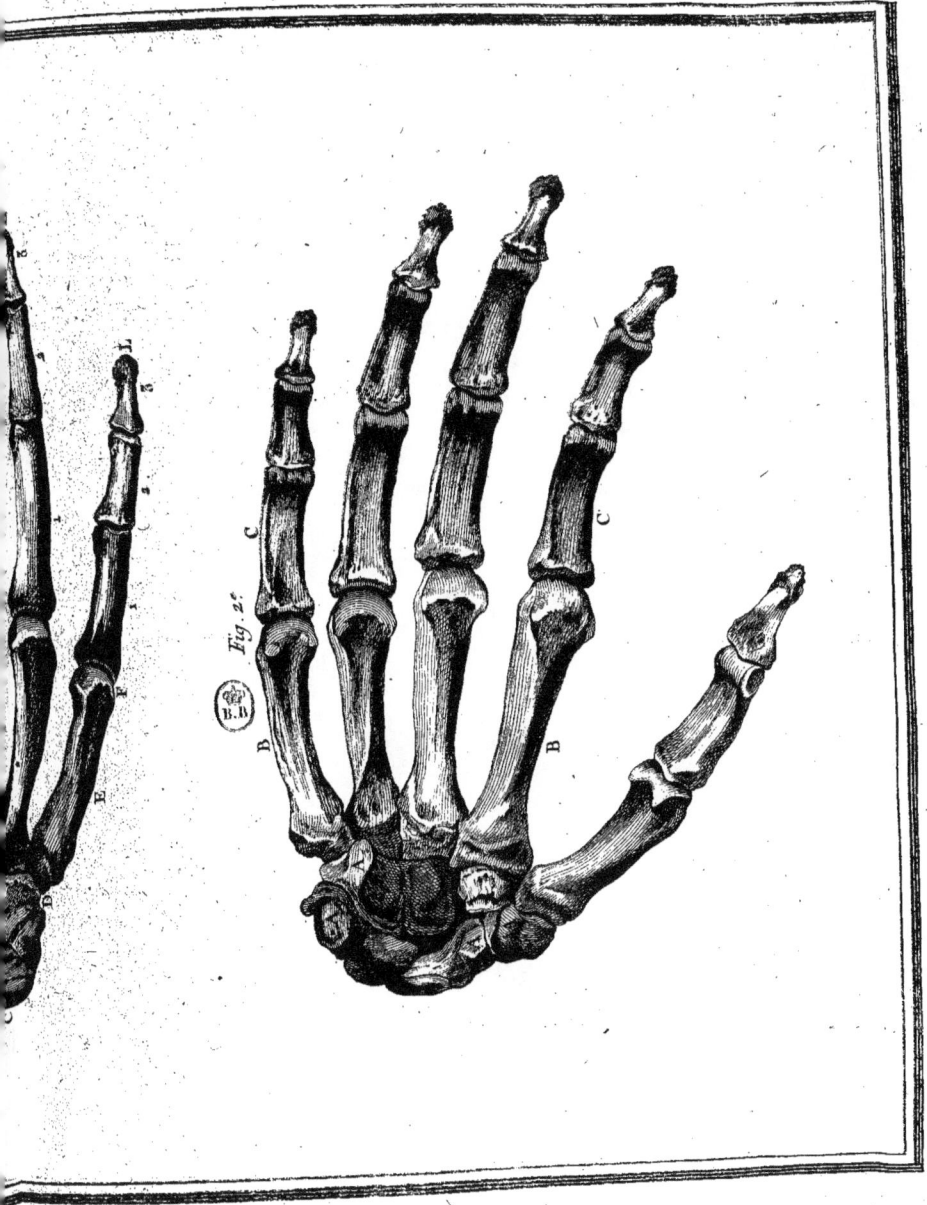

Fig. 2.

B.B

B

B

C

C

C

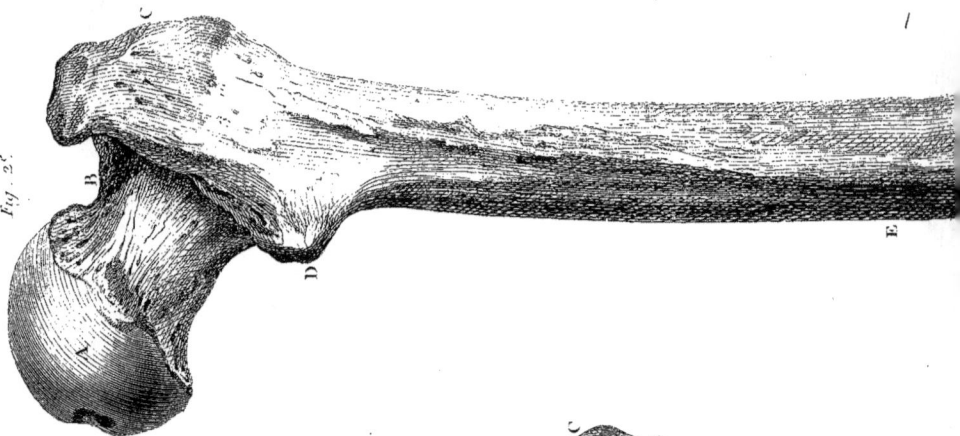

Fig. 2.

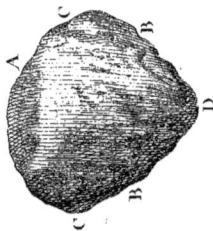

Fig. 3.

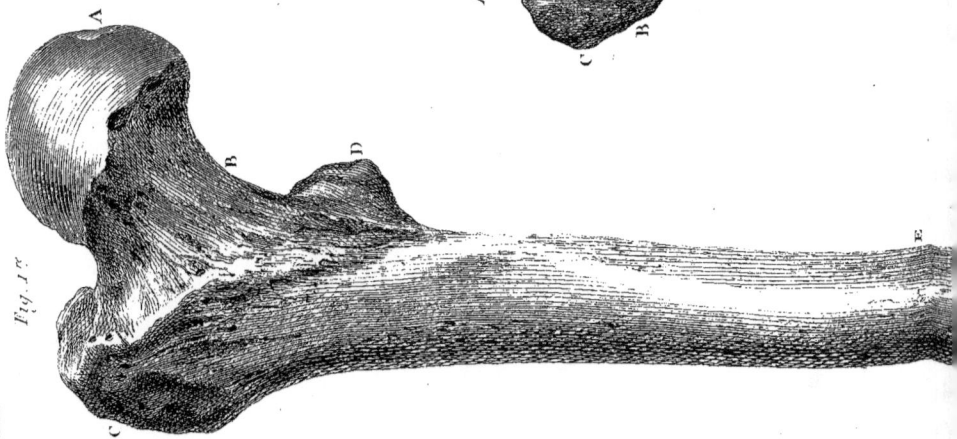

Fig. 1.

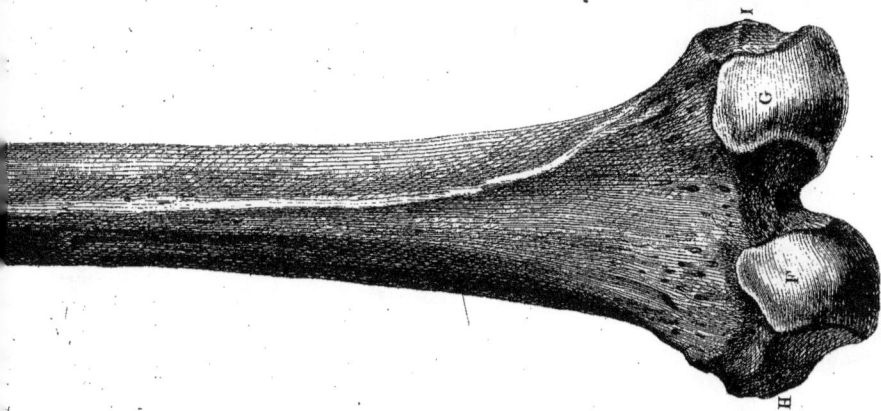

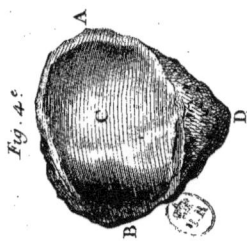

Fig. 4.e

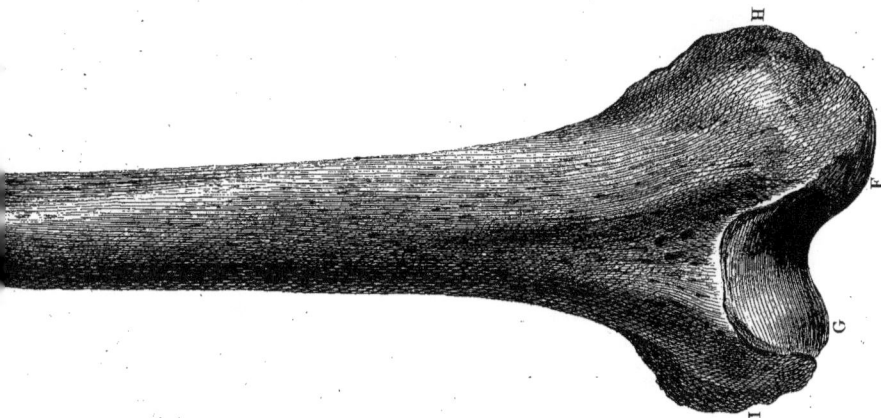

Pl. XIII.

Fig 2.ᵉ

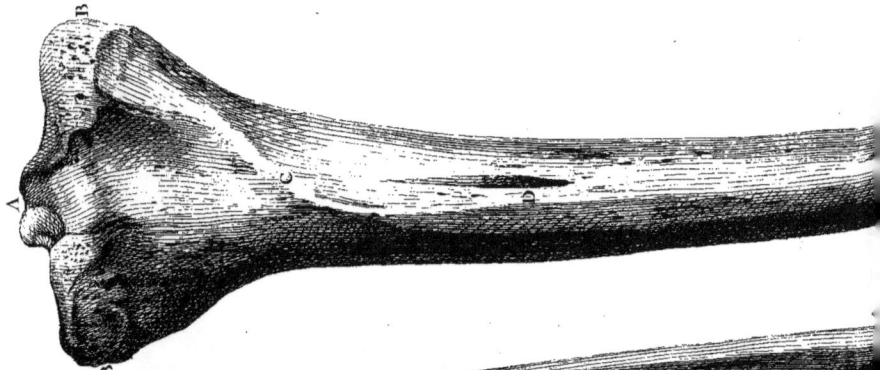

Fig 4.ᵉ

Fig 3.ᵉ

Fig 1.ᵉ

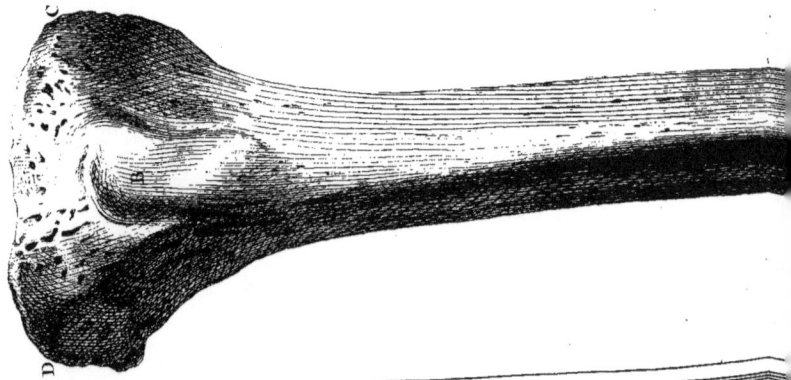

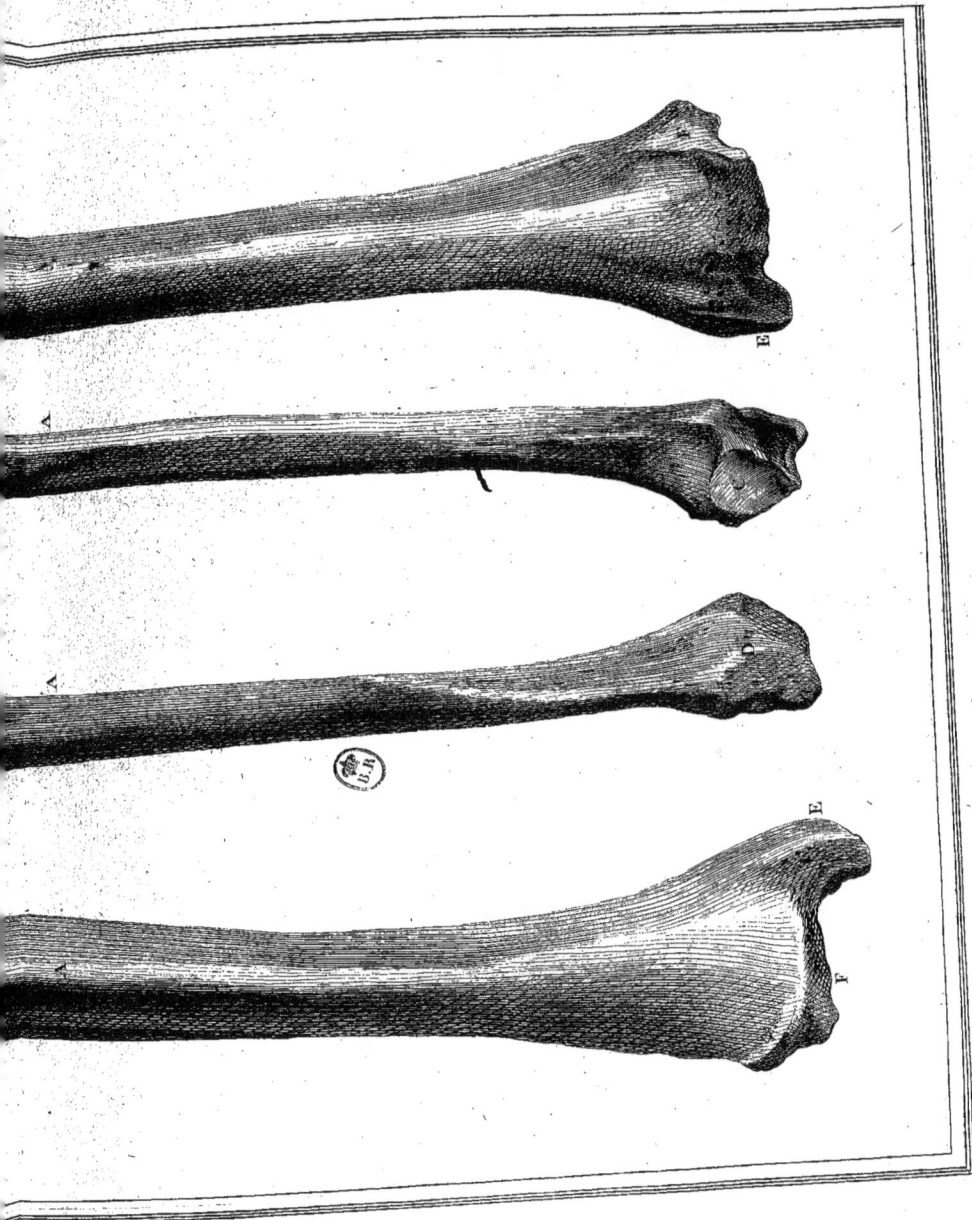

E

A

A

E

F

Pl. XIV.

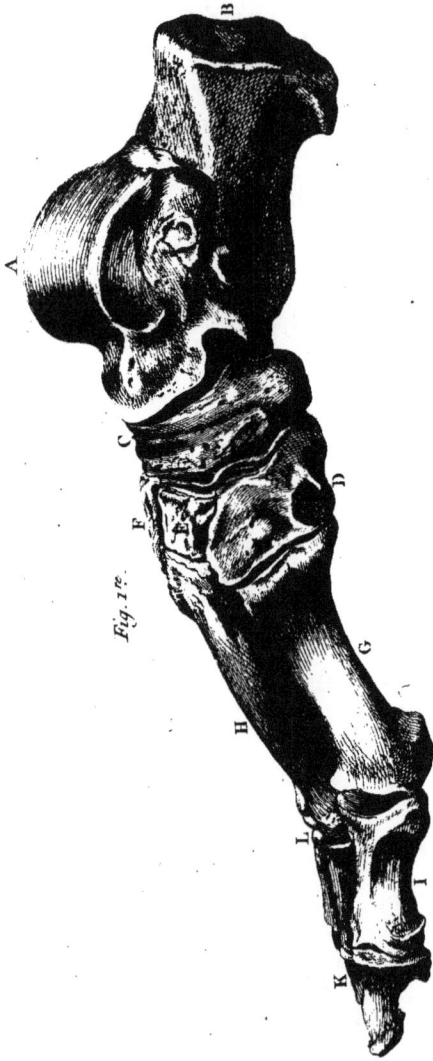

Fig. 1ᵉ.

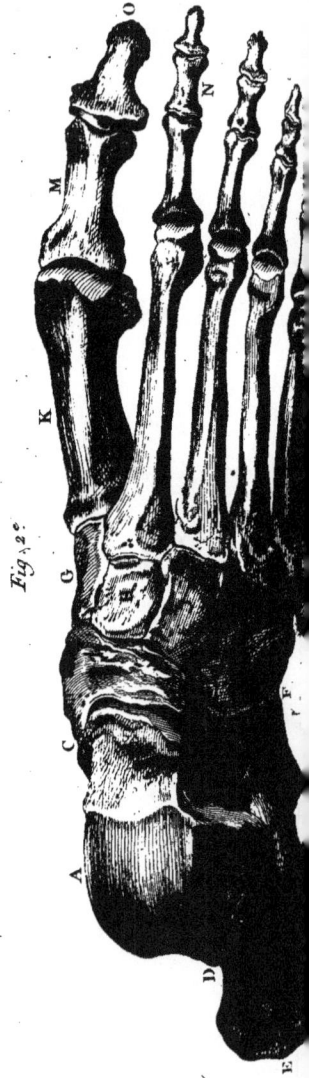

Fig. 2ᵉ.

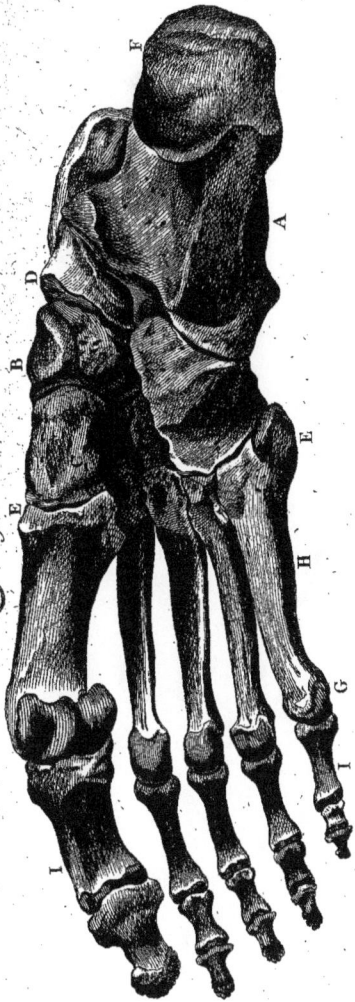

Fig. 3.

www.ingramcontent.com/pod-product-compliance
Lightning Source LLC
Chambersburg PA
CBHW071148200326
41519CB00018B/5153